全栈开发之道
MongoDB+Express+ AngularJS+Node.js

和凌志 编著

U0350174

电子工业出版社
Publishing House of Electronics Industry
北京·BEIJING

内 容 简 介

　　全栈（Full Stack）是一种全新的以前端为主导的框架，框架选型聚焦在 MEAN（MongoDB、Express、AngularJS、Node.js）上。选用 MEAN 全栈技术，可以快速地实现敏捷开发，尤其是到了产品的运营阶段，其优势表现得非常明显。本书主要介绍 MEAN 全栈技术，分为入门篇、基础篇和实战篇，入门篇对全栈进行了概述，基础篇重点介绍了全栈的四个主要技术，即 MongoDB、Express、AngularJS、Node.js，实战篇则通过四个常用的实例来引导读者循序渐进地掌握全栈开发的思路。本书重在讲述全栈开发的思想，自始至终延续这样的一个主题：如何通过一种框架（MEAN 全栈），将前端和后台（端）贯穿起来，让前端工程师快速上手。

　　本书适合想学前端技术的 APP（iOS、Android）开发工程师，以及想学习后台技术的前端工程师阅读。

图书在版编目（CIP）数据

全栈开发之道：MongoDB+Express+AngularJS+Node.js / 和凌志编著. — 北京：电子工业出版社，2017.10
ISBN 978-7-121-32722-3

I. ①全… II. ①和… III. ①网页制作工具—程序设计 IV. ①TP393.092.2

中国版本图书馆 CIP 数据核字（2017）第 228608 号

责任编辑：田宏峰
印　　刷：北京虎彩文化传播有限公司
装　　订：北京虎彩文化传播有限公司
出版发行：电子工业出版社
　　　　　北京市海淀区万寿路 173 信箱　　邮编：100036
开　　本：787×980　1/16　印张：16.75　字数：375 千字
版　　次：2017 年 10 月第 1 版
印　　次：2018 年 6 月第 2 次印刷
定　　价：68.00 元

凡所购买电子工业出版社图书有缺损问题，请向购买书店调换。若书店售缺，请与本社发行部联系，联系及邮购电话：（010）88254888，88258888。

质量投诉请发邮件至 zlts@phei.com.cn，盗版侵权举报请发邮件至 dbqq@phei.com.cn。

本书咨询联系方式：tianhf@phei.com.cn。

前　言

为何写一本全栈的书

为什么写一本以全栈为主题的书呢？这还得从我的工作经历说起。

在过去的十多年，我一直在从事与移动互联网相关的工作，从早期的手机软件开发到今天的移动应用，都离不开架构的支撑。在智能机出现之前，手机的软件架构群雄并起，各家手机厂商都在打造自己软件平台，直到 iOS、Android、Windows Phone 的出现，形成三足鼎立的时代。在经历了近五年的洗礼之后，进入移动互联网的巅峰时代。而今，iOS、Android 两大平台平分天下。

开发一款移动互联网产品，从表面上来说，似乎只需要做一个 APP，包括 iOS 和 Android APP；其实，如果想让上线的产品运营起来，就没这么简单了。通常，一个活跃度很高的产品，都是一款具有生态系统支撑的平台，它包括 iOS APP、Android APP、微信公众号、PC 网页、强大的后台管理，一个都不能少。如果采用传统的开发技术，打造这样的一款产品，需要组建一支十几人的开发团队，人员一多，沟通的成本可想而知。

移动互联网产品的一个最大特点是，一旦产品投放市场得到了用户的认可，其版本迭代更新非常之频繁。无形中，对团队的开发效率提出了更高的要求。

无论是 iOS 还是 Android，APP 原生开发模式的最大弊端是版本的迭代与升级的任务繁重。为了解决这个问题，才引入了 HTML5 的技术。从开发的技术工种来看，分为 APP（iOS、Android）工程师、前端工程师、后端工程师。这三个角色中，前端工程师直接面向终端用户，是产品的"门面"。如果后台选用 PHP、Java 之类的技术，前端工程师除了网页的制作之外，其他可做的非常有限，毕竟前端技术局限于 HTML、CSS 和 JavaScript。因为角色的分工比较发散，以致开发效率难以提升。为了解决开发效率和运维灵活性的问题，我们希望从前端寻求到一个突破口。

众所周知，前端工程师身怀三大法宝：HTML、CSS 和 JavaScript。这些前端开发语言既偏离 APP 的原生开发语言（Objective-C 或 Swift），又与后台的开发语言（常用的 Java）有着明显的差异。虽然 JavaScript 带有 "Java" 一词，但 JavaScript 与 Java 之间的关系如同雷锋与雷峰塔之间的关系，二者相去甚远。那么，有没有一种框架可以让前端开发人员 "通吃" 后台呢？

一个偶然机会，我接触到了全栈（Full Stack）的概念，并瞬间被它的理念所吸引。这里说的全栈，不是传统的 LAMP（Linux、Apache、MySQL、PHP），而是一种全新的以前端为主导的框架，所谓"大前端"、"全端"，就是指以前端为核心的框架。最终，我们把框架选型聚焦在 MEAN（MongoDB、Express、AngularJS、Node.js）上。MEAN 全栈技术框架所用到的每个组件（MongoDB、Express、AngularJS 和 Node.js），都是基于 JavaScript 开发语言的。原本 JavaScript 是为网页设计的语言，但自从有了 Node.js 之后，JavaScript 的春天来了，前端工程师也可以写后台了。Node.js 让前端开发像子弹一样飞！

开发一个产品之前，我们总会纠结应该选择怎样的技术框架。的确，框架的选型很重要，它直接决定了这个产品未来的走向，技术的选择需要考虑几个主要因素，其中包括自身所掌握的技能、软/硬件环境、生产环境的部署、产品上线后的运维等。

选用 MEAN 全栈技术，可以快速地实现敏捷开发，尤其是到了产品的运营阶段，其优势表现得非常明显。我们知道，今天的任何一款移动互联网产品，都离不开微信公众号的推广，大多出彩的产品，在它的微信公众号内，所展示的是一套完整的业务逻辑，而不是几个简单的页面。这就是说，一个运营成功的产品，对前端技术的依赖非常之高，更何况 APP 也可以采用混合开发模式（Native+HTML5）。

全栈工程师并不是"全能"工程师，它是通过一种全栈的框架，从繁重的技术中解脱了出来。正所谓：工欲善其事，必先利其器。这里的"器"，就是全栈框架，具体到这本书所推荐的，就是 MEAN 全栈框架。

践行全栈之路

用了 MEAN 全栈，它到底能带来什么好处呢？这里，以我们发布的一款产品——"点时"为例。"点时"APP 是一款轻量级的知识分享平台，以语音分享为主。这样的一款产品，从生态上讲，该平台包括：iOS APP、Android APP、微信、后台的课程发布与运维管理。传统的做法是项目开发组分为前端与后台两套人马，因为进度不一，要么前端等后端，要么后端等前端，而我们采用的是 MEAN 全栈架构，不再区分前端与后台，开发效率得到了明显提升。用了 MEAN 全栈框架，它带来的最大好处是减少了前、后端之间的依赖。

读者对象

这是一本讲述 MEAN 全栈入门的书，而不是一本从入门到精通的书。MEAN 全栈蕴涵的组件有多个，每一个组件都可以独立成书。书中的每一个知识点都是为后面章节中的实例铺垫的，泛泛的基础知识并不在本书讲解范围之内。

本书自始至终延续这样的一个主题：如何通过一种框架（MEAN 全栈），将前端和后台（端）贯穿起来，让前端工程师快速上手。

MEAN 全栈技术涉及的技术点很多，它是前端（Front-end）技术向后台（Back-end）的延伸。只有具备了前端的基础，才能更好地理解全栈架构的思想。如果尚未接触过 HTML、CSS、JavaScript，那么，有必要"恶补"一些前端的基础知识。

具体来说，这本书适宜的读者有：

想学前端技术的 APP（iOS、Android）开发工程师。随着 APP 多年的发展，APP 的优势和短板日益明显，原生技术无法解决的问题，需要前端技术（HTML5）来弥补，二者结合相得益彰，所以混合开发模式越来越受欢迎。如果一个 APP 开发工程师同时具备了原生与全端的技能，由"单翼"变成了"双翼"，其技术路线的前景将越来越广！

想学习后台技术的前端工程师。传统的互联网开发，分为前端和后台，在职场上也就出现了前端工程师和后端工程师。借助 Node.js 平台和 Express 后端框架，前端工程师可以无缝地延伸到后台技术。

如何阅读本书

既然是全栈技术，其蕴含的知识点无疑有多个方面。为此，本书分为入门篇、基础篇、实战篇。

入门篇：

这里没有讲述 HTML 的基础，也没有谈论 CSS 概念，而是直接切入 CSS 框架，一款主流的 CSS 框架——Bootstrap。在我所经历的互联网项目中，Bootstrap 是应用最为广泛的。这里还讲述了 JavaScript 特有的编程模式——函数表达式与函数式编程，在 Node.js 开发中，JavaScript 把这些特有的闪光点发挥得淋漓尽致。MEAN 全栈中所用到的数据交互格式和存储格式均为 JSON，学习全栈技术，必须掌握 JSON 的应用。

在入门篇中，没有讲述 jQuery 技术及其 AJAX，这是因为，在 MEAN 全栈中用到的 AngularJS 前端框架本身就兼具 jQuery 和 AJAX 的功能。

基础篇：

从这篇开始，我们将正式进入 Node.js 的世界。尽管 Node.js 功能很强大，但其生态系统的构建还要借助 Express、AngularJS、MongoDB 及模板引擎。

在市面上，我们会看到很多权威指南系列的图书，比如 Node.js 权威指南、AngularJS 权威指南、MongoDB 权威指南。这些书对每个专业技能都讲得很透彻，但很少谈及它们之间的关系。既然 Express 是基于 Node.js 之上的后端框架，对初学者来说，我们更希望在 Express 基础之上开发。

那么，为何要选用 AngularJS 呢？在吹响"全端"号角的今天，我们越来越强调前端框架的重要性。在前端的世界，AngularJS 可谓"玉树临风"。在 MEAN 全栈中，Node.js

和 Express 负责后端处理，而与网页交互的正是 AngularJS。因此，可以想象 AngularJS 在本书中所占比重之高。

关于 AngularJS，这里要特别说明一点：本书讲述的 AngularJS、示例中所引用的 AngularJS 均为 1.x 版本，具体来说是 1.4.6 版本。AngularJS 最新版本是 2.x。或许读者产生疑问，为何不用 AngularJS 最新的 2.x 版本呢？这是因为，它的 2.x 并不是在原有 1.x 上的升级，而是一个全新的版本，两者谈不上兼容之说。业内普遍认为，AngularJS 1.x 版本更成熟、应用更广泛、可参考的资料更多。在项目开发时，选择一个成熟的框架，十分重要！

把 MongoDB 数据库应用到 MEAN 全栈中，可谓相得益彰。通过 MongoDB，你会对全栈开发有一个完整的、全新的认知。

实战篇：

学习一门编程技术，最有效的途径还是实践。对于书中出现的每个知识点，都辅以相关的代码实例。每个篇章中的实例都不是独立的，而是沿用从易到难的线索。

实战篇演示了四个实例，每个实例并不是独立的，从知识衔接上看，是一环扣一环的。通常，一个完整的应用包括：数据与页面之间的绑定、网络请求、路由的分发、数据库的增删改查。我曾试着通过一个完整的应用讲述以上知识点，发现越到工程的后期越发臃肿，前后逻辑关系太复杂，以至于理解起来颇费周折。最终采取一个折中的方案：借用国外网站的经典 MEAN 全栈示例，在原示例的基础之上，对一些不易理解的地方，添加了补充的知识，正所谓"见招拆招"。

实战篇中示例，都是基于 MEAN 全栈的演练，只是侧重点有所不同，每个示例均附有完整的工程源码。

本书的源码

在学习本书示例代码时，可以按照书中讲解的步骤，一步一步地手工敲入所有代码，也可以下载本书的源码，本书所有的源代码都可以从 GitHub 下载。

源码下载地址：https://github.com/leopard168/MEAN-Full-Stack。

勘误和支持

我尽最大的努力确保正文和代码没有错误，但随着开发环境版本的变化，错误在所难免。如果读者发现书中的任何错误，如错别字或代码片段无法运行等，希望您能及时反馈给我。您提交的勘误不仅能帮助自己，还能让其他读者受益。

读者可以在下载源码的地方（GitHub）进行反馈，也可以通过后面的联系方式与笔者沟通。

致谢

参与本书编写的还有袁芳、和凌群、徐明志、胥方文、江美双、和凌云、马钧君、林志红、刘晓波。在本书成稿的过程中，我得到了很多人的指点和帮助，客套话不再讲太多。这里，特别感谢 MEAN 全栈的开源者，向开源精神致敬！每次赏析那些原创的示例，都能得到一次心灵的升华。

在本书出版之前，我曾以本书的书稿，给临沂大学本科生讲授全栈开发课程。令人欣慰的是，通过 MEAN 全栈框架，学生们很快完成了一个从前端到后端的项目。

感谢电子工业出版社，正是你们卓有成效的工作使我保持了敲击代码的激情。

作者交流方式：

作者的 QQ 及邮件：2385911707@qq.com。

作者的微信号：leopard2385911707。

作 者

2017 年 8 月

为什么选择 MEAN 全栈技术

概述

开发一个功能性的网站并不容易，它要借助很多种技术，需要一套组合拳，单纯的某一项技术是不够的。在描述网站构建时，常听到一个词语，这就是"技术栈"。比如，Linux、Apache、MySQL 和 PHP，把它们的首字母组合在一起，被称为 LAMP 栈。MongoDB 的工程师 Valeri Karpov 发明了一个缩略语 MEAN，指的是 MongoDB、Express、AngularJS 和 Node.js。的确，这是一个很不错的技术组合，而且读上去朗朗上口。MEAN 全栈（MEAN Full Stack）框架日益成熟，在网上可以找到大量的 MEAN 全栈示例。

如果想开发一个功能性网站，MEAN 全栈技术框架是一个不错的选择，但它不是唯一的选择。就拿数据库来说，即便基于 Node.js 开发，也不是非选 MongoDB 不可，用其他关系型数据库（如 MySQL）也是可以的；同样，作为前端框架的选择，也不见得必须用 AngularJS，用 Vue.js 也是可以的。这就是说，MEAN 全栈无法体现 Node.js 生态系统的多样性。MEAN 这个缩略词漏掉了一个重要的组件——模板引擎。模板引擎的类型有多种，我们完全可以通过手动方式来配置。

在 MEAN 这个缩略词中，毋庸置疑，其中无可替代的组件当然是 Node.js 了。作为运行 JavaScript 语言的服务端，Node.js 是其中的执牛耳者，尽管也有类似的服务端，但与 Node.js 比起来，难以望其项背。

起初，JavaScript 语言仅仅是为了编写网页，很难有其他用武之地。自从有了 Node.js，JavaScript 的春天来了。通过 JavaScript 这一项技术，把 MEAN 全栈技术贯穿在一起。

夸张一点说，学习 MEAN 全栈技术，只需要掌握一门 JavaScript 语言就够了。

什么时候用 Node.js

Node.js 是专门为 I/O 密集型操作和快速构建可扩展性的实时网络应用而设计的，比如说，一些网游、聊天系统等。通过 Node.js，你可以用最少的系统资源来服务大量的客户端，Node.js 就是为高扩展性而设计的。

对于搭建类似于 MongoDB 的文档数据库的 API 服务器，Node.js 也是一个不错的选择，它可以将文档数据以 JSON 对象的格式存储在 MongoDB 中，然后通过 RESTful API 来操作它们。当从数据库读写数据时，不需要将 JSON 与其他类型的数据进行转换。

根据 Node.js 的结构特点，它不适用于 CPU 密集型的操作，Node.js 本身是一个运行 JavaScript 的服务器环境。

本书讲述的示例都是基于 Node.js 基础之上的应用，而不是 Node.js 架构。

MEAN 全栈简介

构建 Node 应用有很多选择，而 MEAN 全栈框架越来越成为一种趋势，MEAN 全栈主要由四项技术组成。

- MongoDB：用来存储数据的数据库。
- Express.js：服务器端用来构建 Web 应用的后端框架。
- AngularJS：用来构建 Web 应用的前端框架。
- Node.js：JavaScript 运行环境。

MongoDB 于 2007 年推向市场，由 MongoDB 公司运营。Express 最早由 T. J. Holowaychuk 于 2009 年发布，并已经发展成为 Node.js 之上的最主流的框架，它是一个开源的框架，社区活跃度很高。AngularJS 是一个开源的前端框架，它的背后支持者是 Google，到了 2010 年，AngularJS 已经被广泛应用，AngularJS 的发展势头强劲，从早期的 1.x 版本已经更新到今天的 2.x 版本。Node.js 是 2009 年发布的，Node.js 采用了 Google 的 V8 JavaScript 开源引擎。

通过 MEAN 全栈框架，可以将文档数据以 JSON 对象的格式存储在 MongoDB 中，然后通过基于 Node 和 Express 搭建的 RESTful API 来操作数据库，前端通过 AngularJS 构建的客户端来操作这些 API。AngularJS 通过 RESTful API 获取服务器数据后，再把数据交给前端模板引擎渲染，最终形成 HTML 页面展示给用户。要想完成这些操作，只需要使用一门统一的语言——JavaScript。这样一来，代码更加具有一致性和可维护性。另一个好处是，整个 MEAN 全栈技术所要处理的大多是 JSON 数据结构，而 MongoDB 中的文档对象也是 JSON 格式，通过 RESTful API 获取的后台数据也是 JSON 格式，正是这些一致的 JSON 格式，才省去了格式之间的转换，从而提高了开发的效率。

MEAN 全栈的四大组件关系

全栈开发包含了众多的知识点，可以说，每个知识点都可以独立编写成一本书。事实上，也确实如此。对于开发一个 MEAN 全栈应用来说，JavaScript 语言从前端贯穿到后台；数据以二进制 JSON（简称 BSON）格式存储在 MongoDB 中，基于 MongoDB 的 Mongoose 提供了类似 JSON 的接口，为操作数据库提供了极大的便利；源于 Node.js 的后端框架 Express 也是由 JavaScript 编写的；而前端框架 AngularJS 也是一个 JavaScript 库。MEAN 全栈的四大组件关系，如图 0.1 所示。

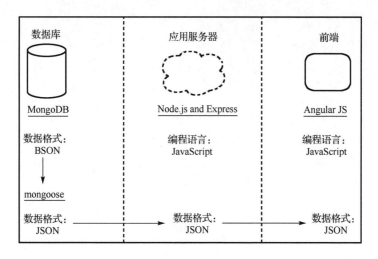

图 0.1   MEAN 全栈四大组件之间的关系

这里，再来回顾下 MEAN 全栈的技术组件：

● MEAN 全栈是由多种不同的技术组成的一个从前端到后台的框架；
● 在 MEAN 全栈中，选择了 MongoDB 作为数据库，从而凸显了 JavaScript 的优势；
● Node.js 与 Express 的 "合体"，提供了一个完美的应用服务器框架；
● 作为前端框架，AngularJS 是那么地神奇，它把单页面应用和数据绑定发挥得淋漓尽致；
● MEAN 全栈技术为 JavaScript 提供了前所未有的平台，从而使得 JavaScript 成为了当今的一种主流开发语言。

目　　录

入　门　篇

基　础　篇

实　战　篇

入　门　篇

　　这里没有讲述 HTML 的基础，也没有谈论 CSS 概念，而是直接切入 CSS 框架，一款主流的 CSS 框架——Bootstrap。在我所经历的互联网项目中，Bootstrap 的应用是最为广泛的。这里还讲述了 JavaScript 特有的编程模式——函数表达式与函数式编程，在 Node.js 开发中，JavaScript 把这些特有的闪光点发挥得淋漓尽致。MEAN 全栈中所用到的数据交互和存储格式均为 JSON，学习全栈技术，必须掌握 JSON 的应用。

　　在入门篇中，没有讲述 jQuery 技术及其 AJAX。这是因为，在 MEAN 全栈中用到的 AngularJS 前端框架本身就兼具 jQuery 和 AJAX 的功能。

第1章

Bootstrap 基础

1.1 概述

Bootstrap 是 Twitter 推出的一个开源的用于前端开发的工具包，它由 Twitter 的两位前员工 Mark Otto 和 Jacob Thornton 在 2010 年 8 月份创建。Bootstrap 是一套基于 Less 的前端开发库，它提供了很多常用的各种 CSS 和 JavaScript 库，以便开发人员随时上手，目前最新版本是 3.3.7。

打开 Bootstrap 官网（www.getbootstrap.com），会看到这样一个醒目的标识，如图 1-1 所示。

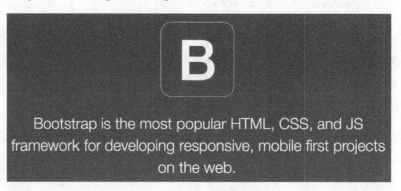

图 1-1　Bootstrap 标识

Bootstrap 是简洁、直观、强悍的前端开发工具包（包括 HTML、CSS 和 JS），让 Web 开发更迅速、简单，尤其适用于开发响应式布局、移动优先的 Web 项目。

Bootstrap 内置了非常多的漂亮样式，即便是非专业的前端开发人员也能轻松使用。它秉承了简约的页面风格，使得开发人员能够毫无顾虑、放心地使用，而无须担心这个 div 的高度、那个 span 的宽度等细枝末节的问题。即使没有设计师的团队，也能够使用这套框架迅速构建一个网站原型，甚至是构建一个生产环境的网站。

Bootstrap 提供了优雅的 HTML 和 CSS 规范，一经推出后颇受欢迎，一直是 GitHub 上的热门开源项目。

Bootstrap 是一个非常简单的框架，相信经过几周的学习，大家就会完全掌握它。我们先来看下 Bootstrap 提供了什么。

- 一套完整的 CSS 库；
- 丰富的预定义样式表；
- 一组基于 jQuery 的 JavaScript 插件集；
- 一个非常灵活的响应式（Responsive）栅格系统，并且崇尚移动优先（Mobile First）的设计思想。

这么看来，Bootstrap 真正强大的地方，在于这些非常不错的样式库和插件，包括对话框、导航等，通过 Bootstrap 构建的页面十分精致，因而成为众多 jQuery 项目默认的设计标准，使得前端开发效率得到了极大的提升。

有人说，Bootstrap 是一款强悍的前端框架，这种说法有些欠妥。如果说 Bootstrap 是前端框架，那么 AngularJS、React.js 又是什么呢？一种更贴切的说法是，Bootstrap 是一个经典的 HTML/CSS 框架，它的强大之处在于有着丰富的 CSS 样式库，CSS 布局才是 Bootstrap 的强大生命力所在。

1.2　Bootstrap 开发环境

1.2.1　Bootstrap 的安装

Bootstrap 框架的文件和源码可以在其官方网站（www.getbootstrap.com）下载，当前版本是 v3.3.7。打开网站的首页，单击"Download"按钮，跳转到下载页面，可以看到三个下载链接，如图 1-2 所示。

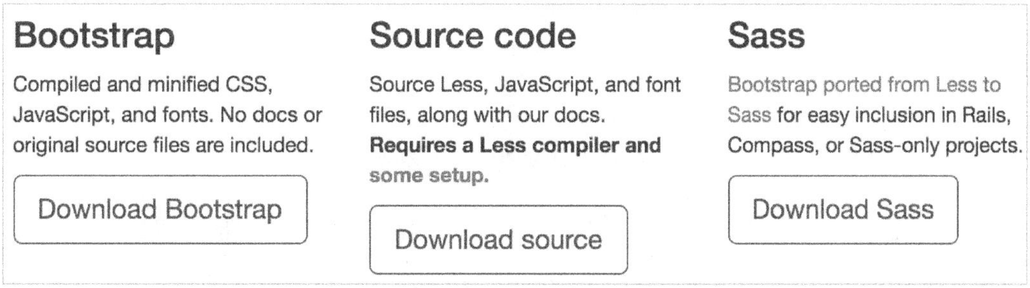

Bootstrap

Compiled and minified CSS, JavaScript, and fonts. No docs or original source files are included.

Download Bootstrap

Source code

Source Less, JavaScript, and font files, along with our docs. **Requires a Less compiler and some setup.**

Download source

Sass

Bootstrap ported from Less to Sass for easy inclusion in Rails, Compass, or Sass-only projects.

Download Sass

图 1-2　Bootstrap 下载页面

（1）Download Bootstrap：从该链接下载的内容是编译后可以直接使用的文件。默认情况下，下载后的文件分两种：一种是未经压缩的文件 bootstrap.css，另一种是经过压缩处理的文件 bootstrap.min.css。一般网站正式运行的时候使用压缩过的 min 文件，以节约网站传输流量；而在进行开发调试的阶段往往使用原始的、未经压缩的文件，以便进行调试跟踪。

（2）Download source：从该链接下载的是用于编译 CSS 的 Less 源码，以及各个插件的 JS 源码文件。如果想分析 Bootstrap 的源码，可以下载未压缩的 bootstrap.css 和 bootstrap.js 源码文件，通常不会涉及与 Less 相关的内容。

（3）Download Sass：从该链接下载的是用于编译 CSS 的 Sass 源码，以及各个插件的 JS 源码文件。通常，项目开发中很少涉及与 Sass 相关的内容。

在项目实战中，只需要下载"Download Bootstrap"，下载后的文件结构如图 1-3 所示。

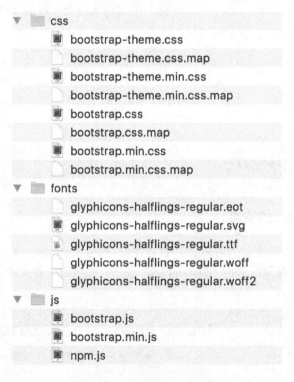

图 1-3　Bootstrap 文件结构

bootstrap.css：完整的 Bootstrap 样式表，未经压缩过的，可供开发的时候进行调试使用。

bootstrap.min.css：经过压缩后的 Bootstrap 样式表，内容和 bootstrap.css 完全一样，但是把中间不需要的东西都删掉了，如空格和注释，所以文件大小会比 bootstrap.css 小，可以在部署网站的时候引用，如果引用了这个文件，就没必要引用 bootstrap.css 了。

bootstrap.js：是 Bootstrap 所有 JavaScript 指令的集合，也是 Bootstrap 的灵魂，用户看到 Bootstrap 中所有的 JavaScript 效果，都是由这个文件控制的。这个文件也是一个未经压缩的版本，供开发的时候进行调试使用。

bootstrap.min.js：是 bootstrap.js 的压缩版，内容和 bootstrap.js 一样，但是文件会小很多，在部署网站的时候可以不引用 bootstrap.js，转而引用这个文件。

1.2.2　Bootstrap 的加载

如何将 Bootstrap 集成到工程中呢？常用的方法有两种：一种是通过本地加载，另一种是通过 CDN 引用。

1．Bootstrap 的离线加载

Bootstrap 的离线加载方法是，先将下载的 Bootstrap.zip 文件解压，并将其中的内容复制到工程的目录中，然后在 HTML 文件中包含这些 CSS 和 JavaScript 文件。

在 HTML 文件中，直接加载 Bootstrap.css 文件，代码如下。

```
<link href="css/bootstrap.min.css" rel="stylesheet">
```

这里，我们使用了 Bootstrap 的压缩版本，即 bootstrap.min.css，来减小文件的大小，使得网页的加载速度更快。当然，也可以根据自己的喜好，先在开发阶段使用完整的版本，当部署到生产环境时，再使用压缩的版本。

2．CDN 静态资源库

为了提升网页的加载速度，我们可以引入 Bootstrap CDN，方法如下。

```
<link rel="stylesheet" href="https://maxcdn.bootstrapcdn.com/bootstrap/3.3.1
/css/bootstrap.min.css">
```

通过链接可以看出，这是一种在线的引用。如果使用 CDN 调试网页的话，必须保持网络畅通。这种加载方式，无须将所引用的资源包下载到本地，所以工程非常简洁。

从 Bootstrap 文件结构可以看出它的三大核心组件——CSS、Fonts 和 JS，而最为重要的组件便是 CSS 布局，CSS 布局是 Bootstrap 三大核心组件的基础。

3．编码规范

CSS 文件编码全部使用 UTF-8，因此建议网页编码也应设置为 UTF-8，以确保编码一致性。在导入 CSS 文件时，应该明确定义 rel 和 type 声明，代码如下。

```
<link rel="stylesheet" type="text/css" href="bootstrap/css/bootstrap.min.css" >
```

1.3 Bootstrap 常用工具

1.3.1 Bootstrap 代码编辑工具

为了更好地阅读 Bootstrap 库的源码，在下载 Bootstrap 之前，需要安装一个自己熟悉的代码编辑器。因为阅读代码只需要一个编辑器，所以对工具没有特别的要求，即便是记事本，也能打开这些源码。尽管能用，但用户体验较差。这里，推荐一款令人赏心悦目的编辑器 Sublime Text。Sublime Text 有着非常不错的高亮着色和智能提示功能。在我们整个 MEAN 全栈开发中，都是基于 Sublime Text 来管理工程和编辑代码的。

Sublime Text 是一款具有代码高亮、语法提示、自动补全、反应快速的编辑器软件，不仅具有华丽的界面，还支持插件扩展机制，用 Sublime Text 编写代码，绝对是一种享受。

Sublime Text 是一款用户体验俱佳的文本编辑器软件，读者可以在它的官方网站（http://www.sublimetext.com/3）下载需要的版本。当前的最新版本是 Sublime Text 3，有适合 Mac OS X、Windows、Linux 等主流操作系统的版本。

打开 Sublime Text 软件，优雅的界面顿时出现在眼前，如图 1-4 所示。

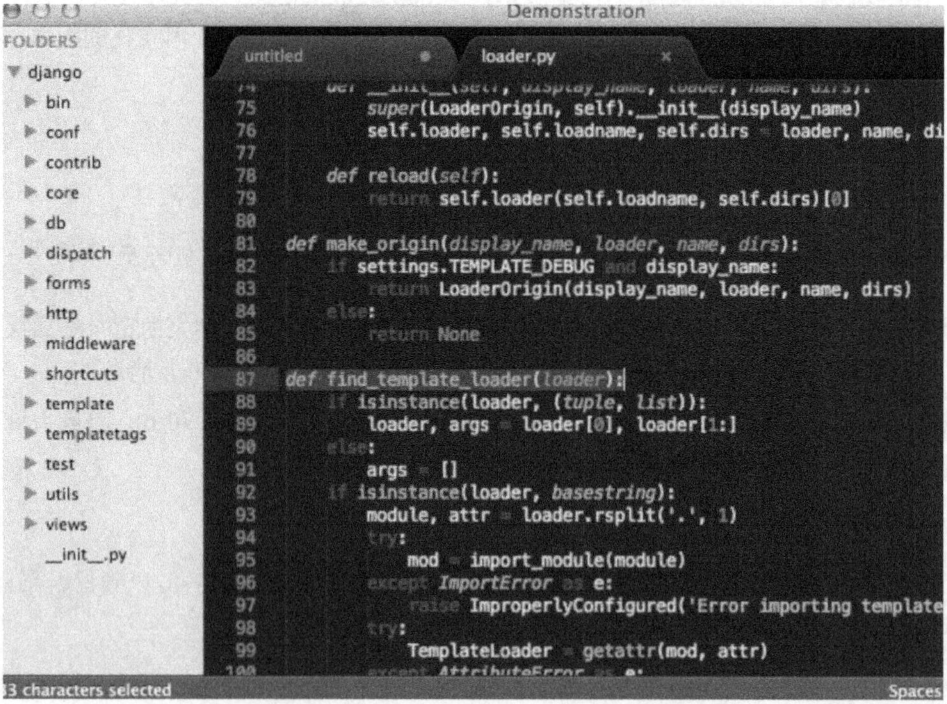

![Sublime Text 界面截图]

图 1-4　Sublime Text 所显示的友好界面

1.3.2　Bootstrap 设计工具——Layout IT

作为一名前端工程师，会经常追寻新鲜有趣的网页制作工具，借助这些设计工具，可以大大提高工作效率。有一点是肯定的，随着日益增长的工具和应用的数量，设计和开发变得越来越简单了。其中，最为普遍使用的前端网页框架就是 Bootstrap。如果你非常熟悉 Bootstrap，可以通过手动代码方式制作一个具有一定特效的网页。尽管 CSS 的代码通俗易懂，但对于初学者来说，还是有一定的学习难度的。既然网页是一种可视化的展示，那么，有没有一种可视化的设计工具呢？

不错，在市面上有多款专门针对 Bootstrap 的设计工具，其中有付费的，也有免费的。这里，我们以 Layout IT 为例，介绍图形化的 Bootsrap 设计工具的使用。

Layout IT 是一款在线编辑工具，专门为 Bootstrap 而设计。借助这个可视化工具，设计者可以在线生成想要的网页，通过拖曳各个组件，快速制作出精美的网页。

通过 Layout IT 制作出来的网页 100% 地符合 Bootstrap 标准，而且适配性很高。因为 Bootstrap 是一种响应式设计框架，只要制作了 PC 端的网页，它就会自动适配手机端和 iPad 端。这个工具特别适合那些想快速搭建网站的用户，因为不需要学习太多东西就可以做到，很适合网页设计师和前端开发人员使用，快捷方便。

接下来，我们看一个 Layout IT 的应用示例。在浏览器中打开 Layout IT（http://www.layoutit.com/），从首页可以看出，Layout IT 是基于 Bootstrap 3 版本的，如图 1-5 所示。

图 1-5　Layout IT 可视化设计工具

左侧栏是基础的控件，从上到下，依次是 GRID SYSTEM（设定栅格布局）、BASE CSS（基础样式）、COMPONENTS（基础组件）、JAVASCRIPT（动态组件）。这些组件可以通过拖曳的方式放到右侧的编辑区域中，所见即所得。

　　在完成页面布局之后，可以单击上方的"Preview"按钮，预览页面的效果；也可以单击上方的"Download"按钮，把整个工程下载到本地，工程目录结构如图 1-6 所示。

图 1-6　由可视化设计工具生成的 CSS 文件结构

1.4　Bootstrap 布局

1.4.1　HTML 标准模板

　　我们使用 Bootstrap 框架编写一段最基本的 HTML 代码，可以在此基础上进行扩展，只需要确保文件引入的顺序一致即可，代码如下。

```
<!DOCTYPE html>
<html lang="en">
  <head>
    <meta charset="utf-8">
    <meta http-equiv="X-UA-Compatible" content="IE=edge">
    <meta name="viewport" content="width=device-width, initial-scale=1">
    <!-- The above 3 meta tags *must* come first in the head; any other head content
                                 must come *after* these tags -->
    <title>Bootstrap Template</title>
    <!-- Bootstrap -->
```

```
    <link rel="stylesheet" href="https://maxcdn.bootstrapcdn.com/bootstrap/3.3.1/
                            css/bootstrap.min.css">
  </head>
  <body>
   <h1>Hello, world!</h1>
     <div class="alert" >
    <button type="button" class="close" data-dismiss ="alert" aria-label=
                                        "Close" > 关闭 </button>

     <strong> 警告! </strong> 你输入的信息不合法!
     </div>

   <!-- jQuery (necessary for Bootstrap's JavaScript plugins) -->
   <!-- Include all compiled plugins (below), or include individual files as
                                            needed -->
   <script src="http://apps.bdimg.com/libs/jquery/2.1.4/jquery.min.js">
   </script>

   <script src="https://maxcdn.bootstrapcdn.com/bootstrap/3.3.7/js/
                            bootstrap.min.js"></script>
  </body>
</html>
```

将以上代码保存到一个 HTML 文件中，并在浏览器中打开该文件，效果如图 1-7 所示。

Hello, world!

警告! 你输入的信息不合法!　　　　　　　　关闭

图 1-7　网页在浏览器上的展示效果

代码解读

（1）文档类型：<!DOCTYPE html>。

Bootstrap 从 3.0 版本开始全面支持移动平台，并遵循移动优先（Mobile First）的策略。HTML 第一行标识了文档类型，由于 Bootstrap 使用了 HTML5 特定的 HTML 元素和 CSS 属性，在用到 Bootstrap 的时候，所有的 HTML 文件都需要在其首行引用 HTML5 的 DOCTYPE 属性，代码示意如下。

```
<!DOCTYPE html>
<html lang="en">
```

```
/* 代码 */
<html>
```

（2）移动终端的 UI 布局。

```
<meta name="viewport" content="width=device-width, initial-scale=1">
```

这行代码的意思是，在默认情况下，UI 布局的宽度与移动设备的宽度一致，缩放大小为原始大小。

对于移动 Web 端代码的处理，还有另外一种形式。

```
<meta name="viewport" content="width=device-width, initial-scale=1, maximum-scale=1, user-scalable=no">
```

上述代码表示：强制让视图的宽度与移动设备的宽度保持 1：1，视图最大的宽度比例是 1，且不允许用户通过缩放手势放大或缩小浏览器。需要注意的是，如果要在 content 里面设置多个属性时，一定要用逗号和空格来来隔开，否则，将不会起作用。

关于 content 属性值，有以下几项。

- width：可视区域的宽度，值可为数字，也可以设为关键字 device-width。
- height：同 width，通常只约定宽度，以适配不同的终端。
- intial-scale：页面首次显示时可视区域的缩放级别，取值 1.0 则页面按实际尺寸显示，无任何缩放。maximum-scale=1.0 和 minimum-scale=1.0 为可视区域的缩放级别。
- user-scalable：是否可对页面进行缩放，no 表示禁止缩放。

在移动设备浏览器上，通过为 viewport meta 标签添加的"user-scalable=no"可以禁用其缩放（Zooming）功能。禁用缩放功能后，用户只能滚动屏幕，当 APP 嵌入 WebView 时，这样的应用看上去更像原生效果。

（3）关于 Bootstrap 的引用。

```
<link rel="stylesheet" href="https://maxcdn.bootstrapcdn.com/bootstrap/3.3.1/css/bootstrap.min.css">
```

bootstrap.css 是 Bootstrap 框架的基本样式文件，只要用到 Bootstrap，就必须调用这个文件。这里，我们通过<link>标签来引入 Bootstrap 的 CSS 静态资源库。

如果想让 Web 应用具有响应式布局的效果，还得调用 bootstrap-responsive.css 这个样式文件，而且调用必须遵循先后顺序，bootstrap-responsive.css 必须置于 bootstrap.css 之后，否则就不具有响应式布局的功能。

1.4.2 自定义 CSS

Bootstrap 的 CSS 布局包括基础排版（Typography）、代码（Code）、表格（Tables）、表单（Forms）、按钮（Buttons）、图片（Images）、辅助类（Helper Classes）和响应式设计（Responsive

Utilities）。这些基础的布局语法都是通过 CSS 最基础、最简单的组合来实现的。通过这些基础而又核心的布局语法，不需要太多时间，即可快速上手，制作出比较精美的页面。

尽管 Bootstrap 强大无比，有时候，我们还是需要对 Bootstrap 做一些小的调整，如添加几种颜色或改变字体的大小。对于这样的定制，我们需要创建自定义的 CSS。在引入 HTML 文件时，将自定义的 CSS 文件添加到 Bootstrap 的 CSS 文件后面。

定制 Bootstrap 最简单的方法就是创建自定义的 CSS 文件，编写自己所需的 CSS 样式。这种自定义的 CSS 文件的链接必须放到 HTML 文档中 Bootstrap CSS 的后面，才能够覆盖 Boostrap CSS 的声明。

基于上面的例子，我们对 Bootstrap 默认的按钮进行改造。具体的做法是：在工程的 CSS 目录下，创建一个自定义的 CSS 文件，命名为 style.css，添加代码如下。

```
.btn{
  -webkit-border-radius: 20px;
  -moz-border-radius: 20px;
  border-radius: 35px;
  color: red
}
```

引用 style.css 文件并放到 bootstrap.css 文件的后面，我们自定义的 btn 样式就会覆盖原有的样式。当然，这里所说的"覆盖"是指增量叠加式的覆盖。

```
<link href="css/bootstrap.min.css" rel="stylesheet">
<link href="css/style.css" rel="stylesheet">
```

保存修改的代码，在浏览器中打开 index.html 文件，我们看到"Submit"按钮的圆角和颜色都发生了变化，如图 1-8 所示。

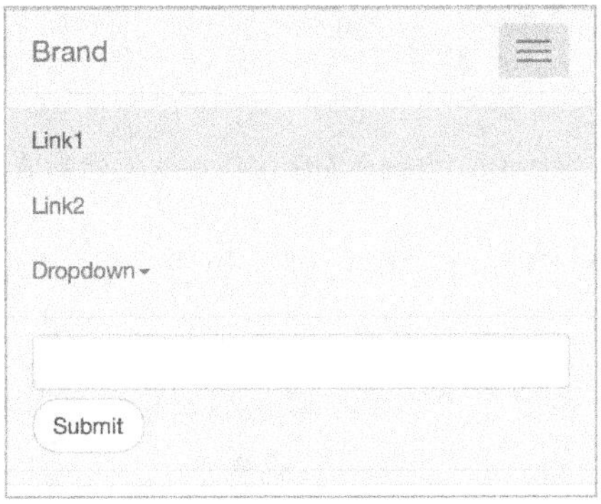

图 1-8　由自定义的 CSS 样式生成的按钮效果

关于 Boostrap 的应用，需要注意的是，自定义的 CSS 样式一定要放在自己创建的定制化 CSS 文件中，而不是直接对 Bootstrap 文件进行修改，这样才是一种好的实践方式。这种方法的好处是，当 Bootstrap 出现新的版本时，只需要将项目文件夹中的 Bootstrap 文件替换为最新的文件即可，而不用再关心代码的修改。

1.4.3　响应式布局的实现

随着手机和平板电脑的出现，响应式网页设计成为了当前人们的需要。早期的做法是，先为 PC 端构建一个网站，然后去掉一些特性，再让它适应小屏幕的尺寸。这样生成的网站只具备少量的功能，浏览体验会大打折扣。

随着 Bootstrap 3 的发布，移动优先（Mobile First）的方法也被引入了。通过 Bootsrap 3 构建的网页，可以自动适配不同的移动终端，为移动终端用户提供了极其出色的移动体验。这样做出来的网站足以应对各种各样的变化，无论用户使用的是手机、平板电脑，还是 PC。

例如，我们为网页设计一个导航条，在 PC 浏览器上，网页显示效果如图 1-9 所示。

图 1-9　网页的导航条展示效果

很明显，在 PC 网页上，一个完整的导航条只需要一行的位置。同样的网页，如果放在小屏幕的手机上显示时，它的展示效果就会自动发生改变，出现如图 1-10 所示的页面。

图 1-10　自动适配手机终端的收缩效果

当单击右上角的移动导航图标时，可以展示内容，也可以收缩起来，全部展开的内容如图 1-11 所示。

从展示效果来看，它同时达到了 PC 端和移动端所期望的用户体验。尤其是在移动端，自动添加了展开/收缩按钮，并且支持上下滑动的效果。

通过上面几幅图的演示，我们可以从中了解 Bootstrap 移动优先的设计思想。

这种基于 Bootstrap 框架的响应式网页，是怎么实现的呢？以下是该 HTML 文件的全部源码。

图 1-11　手机终端的展开效果

```
<!DOCTYPE html>
<html lang="en">
  <head>
    <meta charset="utf-8">
    <meta http-equiv="X-UA-Compatible" content="IE=edge">
    <meta name="viewport" content="width=device-width, initial-scale=1">

    <title>Bootstrap 3 Demo </title>

    <meta name="description" content="Source code generated using layoutit.com">
    <meta name="author" content="Bootstrap 3">

    <link href="css/bootstrap.min.css" rel="stylesheet">
    <link href="css/style.css" rel="stylesheet">

  </head>
  <body>

  <div class="container-fluid">
   <div class="row">
      <div class="col-md-12">
         <nav class="navbar navbar-default" role="navigation">
            <div class="navbar-header">

               <button type="button" class="navbar-toggle"
                                      data-toggle="collapse"
                                      data-target="#bs-example-
                                      navbar-collapse-1">
```

```
                    <span class="sr-only">Toggle navigation</span>
                        <span class="icon-bar"></span><span
                        class="icon-bar"></span><span
                        class="icon-bar"></span>
        </button> <a class="navbar-brand" href="#">Brand</a>
</div>

<div class="collapse navbar-collapse" id=
                    "bs-example-navbar-collapse-1">
        <ul class="nav navbar-nav">
            <li class="active">
                <a href="#">Link1</a>
            </li>
            <li>
                <a href="#">Link2</a>
            </li>
            <li class="dropdown">
                <a href="#" class="dropdown-toggle" data-toggle=
                            "dropdown">Dropdown<strong class=
                            "caret"></strong></a>
                <ul class="dropdown-menu">
                    <li>
                        <a href="#">Action</a>
                    </li>

                    <li>
                        <a href="#">Something else here</a>
                    </li>
                    <li class="divider">
                    </li>
                    <li>
                        <a href="#">Separated link</a>
                    </li>
                    <li class="divider">
                    </li>
                    <li>
                        <a href="#">One more separated link</a>
                    </li>
                </ul>
            </li>
        </ul>
        <form class="navbar-form navbar-left" role="search">
            <div class="form-group">
                <input type="text" class="form-control">
            </div>
            <button type="submit" class="btn btn-default">
```

```
                    Submit
                </button>
            </form>

            </div>

        </nav>
    </div>
  </div>
</div>

    <script src="js/jquery.min.js"></script>
    <script src="js/bootstrap.min.js"></script>
    <script src="js/scripts.js"></script>
  </body>
</html>
```

代码解读

以上代码的结构与 HTML 标准模板颇为相似，在<head>标签内，Bootstrap CSS 被链接到这个 HTML 中，代码如下。

```
<link href="css/bootstrap.min.css" rel="stylesheet">
<link href="css/style.css" rel="stylesheet">
```

在 Bootstrap CSS 的后面，紧跟着的是一个自定义的 CSS 文件 style.css，通过这个自定义的 CSS 文件，可以覆盖 Bootstrap 的样式。文件结构如图 1-12 所示。

图 1-12　自定义的 CSS 文件 style.css

bootstrap.min.css：经过压缩后的 Bootstrap 样式表，内容和 bootstrap.css 完全一样，但是把中间不需要的东西都删掉了，如空格和注释，所以文件大小会比 bootstrap.css 小，可以在部署网站的时候引用，如果引用了这个文件，就没必要引用 bootstrap.css 了。

bootstrap.min.js：bootstrap.js 的压缩版，内容和 bootstrap.js 一样，但是文件会小很多，在部署网站的时候可以不引用 bootstrap.js，转而引用这个文件。

style.css：在这个文件中编写定制化的 CSS 样式。

需要补充的是，对图片也可以做到响应式布局。具体做法：为了能对图片的大小进行自适应缩放，Bootstrap 在 3.X 版本里添加了一个.img-responsive 样式，其实质是为图片设置了"max-widht:100%;"和"height:auto;"两个属性，以便让图片按比例缩放发，并且不超过其父元素的尺寸。所以说，该样式对响应式布局的支持更加友好了，使用的时候，只需要在相应图片元素上添加一个.img-responsive 样式即可。

1.4.4　禁用响应式布局

页面的设计与开发应当根据用户行为，以及设备环境（系统平台、屏幕尺寸、屏幕定向等）进行相应的响应和调整。具体的实践方式由多方面决定，包括弹性网格和布局、图片、CSS 媒体查询（Media Query）的使用等。无论用户使用的是 PC 浏览器，还是手机浏览器，页面都应该能够自动切换分辨率、图片尺寸及相关脚本功能等，以适应不同设备。换句话说，页面应该有能力自动响应用户的设备环境。响应式网页设计就要一个网站能够兼容多个终端，而不是为每个终端做一个特定的版本。新的设备不断地在涌现出来，采用响应式网页设计，就可以适应不同终端的要求。

Bootstrap 是一个移动先行的框架，默认情况下，针对不同的屏幕尺寸，会自动地调整页面，使其在不同尺寸的屏幕上都表现得很好。但是，如果不想使用这种特性，也可以禁用它。下面给出了禁用响应式布局的步骤。

（1）删除名称为 viewport 的 meta 元素，如<meta name="viewport"……/>。

（2）为.container 设置一个固定的宽度值，从而覆盖框架的默认 width 设置，如"width: 970px!important;"，并且要确保这些设置全部放在默认的 Bootstrap CSS 后面。

（3）如果使用了导航条组件，还需要移除所有的折叠行为和展开行为。

（4）对于栅格布局，额外增加".col-xs-*"样式，或替换".col-md-*"和".col-lg-*"样式。不要太担心，超小屏幕设备的栅格系统样式可以适应所有分辨率的环境。

1.5　小结

本章主要讲述了 Bootstrap 的优势及其应用，使用 Bootstrap 的最大好处是它能够自动适配不同的终端，当我们面对这些琳琅满目的各种终端时，视图自动适配的重要性越发凸显。使用了 Bootstap，再加上 Layout IT 可视化工具，构建前端静态页面，轻松搞定！

为了实现动态页面，掌握 JavaScript 是必需的！

第 2 章

JavaScript 基础

2.1 概述

谈到移动互联网的技术路线，常常谈起 Java、PHP 和.NET 这些框架。在 Node.js 出现之前，JavaScript 是进不了框架的殿堂的。人们觉得 JavaScript 语言太简单，也就是写写网页而已，但自从有了 Node.js 之后，JavaScript 的春天来了。

本书讲述的全栈技术框架所用到的每个组件（MongoDB、Express、AngularJS 和 Node.js），都是基于 JavaScript 语言开发的。要想成为一名 MEAN 框架的全栈工程师，就得熟练掌握 JavaScript 这门编程语言。如果你已经非常了解 JavaScript，就可以跳过这一章，直接进入到全栈开发实战。

毕竟 JavaScript 语言的讲解不是本书的重点，如果你从未接触过 JavaScript 编程，最好还是找一本讲述 JavaScript 的图书系统学习一下。本章只是就 JavaScript 一些常用而又难以理解的概念，通过示例讲解一下。

除了 JavaScript 语法之外，我们还要讲述如何运行和调试 JavaScript 代码。

2.2 JavaScript 语法

JavaScript 是一种基于对象和事件驱动并具有安全性能的解释型脚本语言。与其他语言一样，JavaScript 脚本语言有其自身的语法、数据类型、运算符、表达式等。

JavaScript 程序是按照在 HTML 文件中出现的顺序逐行执行的。如果需要在整个 HTML 文件中执行（如函数、全局变量等），最好将其放在 HTML 文件的<head>...</head>标记中。某些代码，如函数体内的代码，不会被立即执行。只有当所在的函数被其他程序调用时，这些代码才会被执行。

JavaScript 对字母大小写是敏感（严格区分字母大小写）的，也就是说，在输入语言的关键字、函数名、变量和其他标识符时，都必须采用正确的大小写形式。例如，变量 username 与变量 userName 是两个不同的变量。这一点要特别注意，因为与 JavaScript 紧密相关的 HTML 是不区分大小写的，这一点很容易混淆。

许多 JavaScript 对象和属性都与其相应的 HTML 标记或属性同名。在 HTML 中，这些名称可以以任意的大小写方式输入而不会引起混乱，但在 JavaScript 中，这些名称通常都是小写的。例如，HTML 中的事件处理器属性 ONCLICK 通常被声明为 onClick 或 OnClick，而在 JavaScript 中通常使用 onclick。

与其他语言不同的是，JavaScript 并不要求必须以分号（;）作为语句的结束标记。如果语句的结束处没有分号，JavaScript 会自动将该行代码的结尾作为语句的结尾。

例如，下面两行代码都是正确的：

```
alert( "欢迎学习 MEAN 全栈技术")      //结尾不带分号
alert( "欢迎学习 MEAN 全栈技术");     //以分号结尾
```

当然，最好的代码编写习惯是在每行代码的结尾处加上分号，这样可以保证每行代码的准确性。

2.2.1 变量的声明与赋值

在 JavaScript 中，使用变量前需要先声明变量。所有的 JavaScript 变量都由关键字 var 声明，语法格式如下。

```
var variable ;
```

在声明变量的同时，也可以对变量进行赋值，即对变量进行初始化。

```
var variable = 10 ;
```

如果只是声明了变量，并未对其赋值，则其值缺省为 undefined。

当给一个尚未通过 var 声明的变量赋值时，JavaScript 会自动用该变量名创建一个全局变量。通常，我们希望在函数内部声明的变量是局部变量，仅在函数内部起作用，为此，在函数内部创建一个局部变量时，必须使用 var 语句进行变量声明。

变量的作用域（Scope）是指某变量在程序中的有效范围，也就是程序中定义这个变量的区域。在 JavaScript 中，变量根据作用域可以分为两种：全局变量和局部变量。全局变量是定义在所有函数之外，作用于整个脚本代码的变量；局部变量是定义在函数体内，只作用于该函数体的变量，函数的参数也是局部性的，只在函数内部起作用。例如，下面的程序代码说明了变量的作用域的有效范围。

```
<script type="text/javascript">
    var a;                          //该变量在函数外声明，作用于整个脚本代码
    function myfun()
```

```
    {
        a = "MEAN 全栈" ;
        var b = "基础课程";          //该变量在函数体内声明，只作用于该函数体
        alert (a +b) ;
    }
    myfun();                        //函数调用
</script>
```

把以上代码内嵌到一个 HTML 文件中，并在浏览器中打开这个 HTML 文件，弹出的 alert 提示框如图 2-1 所示。

图 2-1　在浏览器中弹出的 alert 提示框

以下是完整的 HTML 文件，可通过浏览器打开运行。

```
//index.html
<!DOCTYPE html>
<html>
<head> </head>
    <body>
        <h1>My First HTML</h1>
        <script type="text/javascript">
        var a;                  //该变量在函数外声明，作用于整个脚本代码
        function myfun() {
            a = "MEAN 全栈" ;
            var b = "基础课程";    //该变量在函数体内声明，只作用于该函数体
            alert (a +b) ;
        }
        myfun();
        </script>
</body>
</html>
```

2.2.2　如何判断两个字符串是否相等

不管用哪个编程语言，逻辑判断是最基本的，JavaScript 也不例外。在逻辑判断时，有时需要判断两个字符串是否相等，如果使用不当，就会出现匪夷所思的结果。更为有意思的是，在 JavaScript 中，还会出现"==="（三个连等号）的情况。

JavaScript 有两种相等运算符：一种是完全向后兼容的、标准的 "= ="，如果两个操作数类型不一致，它会在某些时候自动对操作数进行类型转换。

1. 第一种情况（==）

```
var strA = "Account";
var strB = new String("Account");
```

这两个变量 strA 和 strB 含有相同的字符串，但它们的数据类型不同，strA 是 String，而 strB 是 Object。在使用 "=="操作符时，JavaScript 会尝试各种求值，以检测两者是否会在某种情况下相等。

```
var strA = "Account";
var strB = new String("Account");
if (strA == strB)
{
    console.log("strA 与 strB 相等");
}
else
{
    console.log("strA 与 strB 不相等");
}
```

运行结果是：strA 与 strB 相等。

2. 第二种情况（===）

操作符是严格的 "= = ="，它在求值时不会这么宽容，不会进行类型转换。在这种情况下，表达式 "strA = = = strB" 的值为 false，虽然两个变量所拥有字符串相同。代码改写如下。

```
var strA = "Account";
var strB = new String("Account");
if (strA === strB)
{
    console.log("strA 与 strB 相等");
}
else
{
    console.log("strA 与 strB 不相等");
}
```

输出结果是：strA 与 strB 不相等。

顺带讲一下，有时代码的逻辑要求判断两个值是否不相等，这里也有两个选择："!=" 和严格的 "!= ="，它们的关系类似于 "= =" 和 "= = ="。

2.2.3 创建 JavaScript 对象的三种方法

JavaScript 有许多自己所特有的对象，也称为内置对象，如 Number、Array、String、Date 等，这些内置对象都有自己的属性和方法。除了 JavaScript 外，本书中用到的 Node.js、MongoDB、Express 和 AngularJS 也构建了自己的内置对象。正是有了对象的应用，才方便了程序的开发。

一个对象实际上是一个容器，这个容器既可以存放值，也可以存放方法，对象的值称为对象的属性。一句话，对象由属性和方法组成。

举个例子，一个典型的 JavaScript 对象声明是以下这个样子。

```javascript
var obj =
{
    name: "My Object",
    value: 8,
    getValue: function()
    {
        return this.name;
    }
}
```

声明了对象后，可以通过"对象[属性名]"的语法来访问 JavaScript 对象的成员。比如：

```javascript
console.log(obj["name"] );          //输出：My Object
console.log(obj["value"] );         //输出：8
console.log(obj.getValue() );       //输出：My Object
```

从中可以看出，使用 JavaScript 内置对象，可以很方便地访问对象的属性和方法。事实上，我们有多种方法可以创建一个 JavaScript 对象。

1. 自定义对象

创建 JavaScript 对象最简单的方法是：即时创建、即时使用。只需创建一个通用的对象，然后根据需要，添加其属性和方法。例如，创建一个用户对象，并赋给它一个名字和年龄，再声明一个函数来返回这两个属性，代码如下。

```javascript
var user = new Object();
user.name = "张三" ;
user.age  = 18;
user.getUser = function()
{
    return this.name + " " + this.age;
}
console.log(user.name);             //输出：张三
console.log(user.age );             //输出：18
console.log(user.getUser() );       //输出：张三 18
```

2. 可重用的 JavaScript 对象

如果需要一个可重用的对象，最好的方法是将对象封装在自身的函数块里面。这样做，其实就是把对象做了一个很好的封装。例如：

```javascript
function User(name, age)
{
    this.name = name ;
    this.age  = age;
    this.getUser = function()
    {
        return this.name + " " + this.age;
    }
}


var user = new User("张三",18);
console.log(user.name);                    //输出：张三
console.log(user.age );                     //输出：18
console.log(user.getUser() );               //输出：张三 18
```

我们通过点符号访问对象的属性（object.propertyName），如 user.name。同样，也通过点符号访问对象的函数（object.function），如 user.getUser()。

3. 通过原型模式创建对象

创建 JavaScript 对象更先进的方法是使用原型（Prototype）模式，这种模式是说，在对象的原型属性中定义新的函数。在原型中定义的函数，在新创建一个 JavaScript 对象时，这个原型中的函数只被加载一次。例如：

```javascript
function UserP(name, age)
{
    this.name = name ;
    this.age  = age;
}
UserP.prototype =
{
    getUser: function()
    {
        return ("prototype=" + this.name + " " + this.age);
    }
};
var user = new UserP("张三",18);
console.log(user.name);                    //输出：张三
console.log(user.age );                     //输出：18
console.log(user.getUser() );               //输出：prototype=张三 18
```

再来看一下通过原型模式定义对象的过程：先是声明了一个对象 UserP，然后在 UserP.prototype 内部声明了一个函数 getUser()。其实，我们可以在 prototype 中声明多个函数，每当创建一个新的对象时，这些原型中的函数都可以被正常调用。

2.2.4 函数声明与函数表达式

在编程的世界，我们听到最多的是面向对象的编程。在 JavaScript 编程中，有时会听到这样的说法：JavaScript 是一种函数式编程。为了理解什么是函数式编程，我们先要弄清楚 JavaScript 的函数声明与函数表达式。

1．函数声明

JavaScript 解析器在向执行环境中加载数据时，对函数声明和函数表达式并非一视同仁。解析器会率先读取函数声明，并使其在执行任何代码之前可用；至于函数表达式，则必须等到解析器执行到它所在的代码行，才会真正被解释执行。我们来看看下面的例子。

```
alert(sum (10,10));
function sum (num1, num2)
{
    return num1 + num2;
}
```

以上这段代码完全可以正常运行。运行 JavaScript 的两种方法：我们可以把 JavaScript 代码内嵌到 HTML 页面中运行，也可以通过启动 Node.js 服务来运行。回到上面这段代码，先是调用函数，再声明一个函数。通常的做法是先声明，再调用。在函数声明中，尽管所声明的函数在调用它的代码后面，JavaScript 引擎也能把函数声明提升到顶部。

2．函数表达式

我们改写下代码，把上面的函数声明改为等价的函数表达式，修改后的代码如下。

```
alert(sum (10,10));
var sum = function (num1, num2)
{
    return num1 + num2;
}
```

运行以上代码，会产生错误，在浏览器上的报错信息如下。

```
Uncaught TypeError: sum is not a function
```

产生错误的原因在于，函数位于一个初始化语句中，而不是一个函数声明。换句话说，在执行到函数所在的语句之前，变量 sum 中不会保存对函数的引用。在执行到第一行代码时，就会报错。

我们把函数调用顺序调整下，先定义一个函数表达式，再调用，代码如下。

```
var sum = function (num1, num2)
{
    return num1 + num2;
}
alert(sum (10,10));
```

这个时候，再来运行代码，发现一切正常了。

这就是说，函数声明与函数表达式的语法其实是等价的，它们唯一的区别就是，函数表达式可以通过变量来访问函数。

读到这里，你或许会产生一种想法，能不能同时使用函数声明和函数表达式呢？比如：

```
var sum = function sum (num1, num2)
{
    return num1 + num2;
}
alert(sum (10,10));
```

这种表达方法，可能会出现浏览器的兼容问题。既然我们已经清楚了函数声明与函数表达式的应用场景，那就没有必要将二者混淆在一起了。

3．函数声明与函数表达式的应用场景

在 JavaScript 中，创建函数主要有两种方法：函数声明与函数表达式。这两种方法的应用场景不同，先来看一个函数声明的例子。

```
function add(a,b)
{
    return a + b;
}
console.log(add(2,3));   //"5"
```

这种函数声明和函数调用的方式，与其他的编程语言极为相似。JavaScript 的绝妙之处在于它的函数表达式，对于函数表达式来说，函数的名称是可选的。例如：

```
var sub = function(a,b)
{
    return a - b;
}
```

在这个例子中，函数表达式中的函数没有名称，属于匿名函数表达式。再看一个例子。

```
var sub = function f(a,b)
{
    return a - b;
}
```

不管是函数声明还是函数表达式，只要是函数，都是可以被调用的。这里给出了两种函数调用方式。

```
console.log(f(9,6));              //错误调用方式
console.log(sub(9,6));           //正确调用方式
```

在这个例子中，函数表达式中的名称是 f，这个名称 f 实际上变成了函数内部的一个局部变量，这种函数表达式在函数递归时有很大用途。

从中可以看出，JavaScript 的函数语法过于灵活。即使声明一个函数，居然还有多个套路。越是灵活多变，反倒越不容易把控。在 JavaScript 表达式中，即便是省略分号，也不会报错，这一点让初学者很不习惯。

2.2.5 可立即调用的函数表达式

在 JavaScript 语言中，既有 function 语句，也有函数表达式。函数表达式在其他编程语言中，是比较少见的。函数表达式的出现，让初学者常常感到迷惑，这是因为 function 语句与函数表达式看起来是相同的。一个 function 语句就是，它的值为一个函数的 var 语句的简写形式。

下面的语句：

```
function f ( ) { } ;
```

相当于

```
var f = function ( ) { } ;
```

在 JavaScript 编程中，用得更多的是第二种形式，因为它能明确表示 f 是一个包含一个函数值的变量。要用好 JavaScript 这门语言，需要弄清楚一个概念：函数就是对象。

function 语句在解析时会被提升，这意味着不管 function 被放到哪里，在解析时，它都会被移动到定义时所在作用域的顶层。这样一来，就放宽了函数必须先声明后使用的要求。

在 JavaScript 中，通常是这样声明和调用函数的。

```
var myFunction = function()
{
    //code
};
myFunction();                    //立即执行上面定义的函数
```

在上面的例子中，我们创建了一个匿名函数，并将它赋值给一个变量 myFunction。调用该函数时，我们在变量名后面加一对小括号，即 myFunction()。

在 JavaScript 中，还有一种"自动立即执行的函数表达式（Immediately-Invoked Function Expression）"，它的作用是定义一个函数，然后立即调用它。

根据 JavaScript 官方的约定，一个语句不能以一个函数表达式开头，而以关键字 function

开头的语句是一个 function 语句。解决这个问题的方法就是把函数表达式括在一对小括号之中。例如：

```
( function ( )
{
    /* 代码 */
} ( ) ) ;
```

在 JavaScript 中，变量只不过是值的一种表现形式，所以在出现变量的地方也可以用值来替换。当这个变量的值是一个匿名函数时，替换时就要注意了：可以用一对小括号将一个匿名函数的声明括起来，这样解析器在解析到 function 关键字时，就会将这个函数声明转换成一个函数表达式。所以，上面的例子也可以这样改写。

```
(function(){ /* code */ } ) ();      //推荐使用这种方式
(function(){ /* code */ } ());       //这种方式也可以
(function(){ /* code */ } ) (1);     //传入参数 1
(function(){ /* code */ } ());       //传入参数 2
```

这种模式在 JavaScript 中得到了广泛的应用。例如，Bootstrap 中的所有 JS 插件都用到了这个模式，以常用的 alert.js 文件来说，里面有如下的代码。

```
+ function ($)
{
    "use strict" ;                   //使用严格模式 ES5 支持
} (jQuery) ;
```

以上代码的意思是，声明了一个 function，然后立即执行，并且在执行的时候传入 jQuery 对象作为参数。这么做的好处是，此时 function 内部的$已经是局部变量了，不会再受外部作用域的影响了。

我们注意到，function 前面有一个"+"号。其实，这个"+"号和分号的功能是一样的，主要是为了防止定义不符合规定的代码。例如，上面的这段代码如果没有+号，这段代码就会与上下文的代码连在一起执行，此时就会报错。

比如上面的这段代码若没加"+"号，则代码连接在一起执行就会出错。在 function 前面加上"+"号，就避免了出错的可能性。当然，还可以换为另外一种写法，例如：

```
;function ($)
{
    "use strict" ;
} (jQuery) ;
```

这是另外一种表达方式，function 前面的"+"号换为了";"号。

总体来说，在 function 关键字前面有一个加号运算符（+），其主要目的是防止前面有未正常结束的代码（通常是遗漏了分号），导致前后代码被编译器认为是一体的，从而导致代码运行出错。

2.2.6　循环的实现

for 循环语句也称为计次循环语句，一般用于循环次数已知的情况，在 JavaScript 中应用比较广泛。for 循环语句的语法格式如下。

```
for (var i = Things.length - 1; i >= 0; i--) {
    Things[i]
}
```

for 循环语句执行的过程是：先执行初始化语句，然后判断循环条件，如果循环条件的结果为 true，则执行一次循环体，否则直接退出循环，最后执行迭代语句，改变循环变量的值，至此完成一次循环；接下来将进行下一次循环，直到循环条件的结果为 false，才结束循环。

上面是一种常规的 for 循环的应用，还有另外一种 for 循环格式，它就是 for-in 循环。

for-in 语句用于对数组对象的属性进行遍历操作，for-in 循环中的代码每执行一次，就会对数组对象的属性进行一次操作，通常用在数组对象的遍历上，使用 for-in 进行循环也被称为枚举，其语法如下。

```
for(变量 in 对象)
{
    在此执行代码
}
```

这里的变量，可以是数组元素，也可以是对象的属性。举个例子，我们看看如何在一个数组上使用 for-in 循环。

```
var days = ["Mon.", "Tue.","Wed.","Thu,","Fri.","Sat.","Sun."];
for (var index in days)
{
    console.log("It's " + days[index] );
}
```

注意：index 是一个索引变量。每次循环时，变量 index 都会被调用，遍历从数组的开始到数组的最后，遍历整个数组。在终端窗口，输出以下结果。

```
It's  Mon.
It's  Tue.
It's  Wed.
It's  Thu,
It's  Fri.
It's  Sat.
It's  Sun.
```

前面提到，运行 JavaScript 有两种方法：

（1）把 JavaScript 代码内嵌到 HTML 网页中，通过浏览器来运行。

（2）通过 Node.js 来运行，前提是安装了 Node.js。

代码中经常用到 console.log( )方法，目的是为了便于调试。如果这个 log 方法是内嵌在 HTML 网页中，该 log 信息在浏览器的 Console 中输出。

如果 log 方法内嵌在一个单纯的 JS 文件中，当通过 Node.js 来运行时，其 log 信息输出在终端窗口中。

在使用 for-in 循环时，要针对对象来使用，而不要对数组使用，示例代码如下。

```
var  foo = [];
foo[10] = 10;
for (var i  in foo)
{
    console.log(i) ;
}
```

在上述代码中，只打印一次，因为在整个 foo 数组对象内部，只有一个对象，这个结果是我们期望的，只输出 10。反过来，如果写为 for 循环，则代码如下。

```
for (var i = 0; i < foo.length; i++)
{
    console.log(i) ;
}
```

输出的结果是 0~10，这显然不是我们所期望的。

2.2.7 防止 JavaScript 自动插入分号

JavaScript 语言有一个机制：在解析时，能够在一句话后面自动插入一个分号，用来修改语句末尾遗漏的分号分隔符。问题就在于，有时候，JavaScript 会不合时宜地插入分号。换句话说，不该插入分号的地方，偏偏插入了分号，从而造成了莫名其妙的错误。

举个例子，先来看一段代码。

```
var sum = function (num1, num2)
{
    return
    (num1 + num2) ;
}
alert(sum (10,10));
```

看起来这里要返回一个表达式，运行时却报错（undefined），页面上弹出的报错信息，如图 2-2 所示。

```
undefined

                                                      关闭
```

图 2-2　JavaScript 表达式的报错信息

究其原因，JavaScript 自动插入了一个分号，在 return 后面自动插入了一个分号，代码如下。

```
var sum = function (num1, num2)
{
    return;
    (num1 + num2) ;
}
alert(sum (10,10));
```

JavaScript 在 return 后面自动插入了一个分号，让它返回了 undefined，从而导致后续真正要返回的对象被忽略。

更让人困惑的是，当自动插入分号导致程序被误解时，并不会有任何警告提醒。还是上面的例子，为了方便演示，我们有意地加上了 alert 提示框。在项目实战中，不会无谓地弹出这样的提示窗口。

那么，该如何防止 JavaScript 自动插入分号呢？

如果 return 语句要返回一个值，这个值的表达式的开始部分必须和 return 在同一行上。最为稳妥的方法是：

```
var sum = function (num1, num2)
{
    return  (num1 + num2) ;
}
alert(sum (10,10));
```

2.2.8　严格模式

ECMAScript 5 引入了严格模式（Strict Mode）的概念。严格模式是为 JavaScript 定义了一种不同的解析和执行模型，在严格模式下，ECMAScript 3 中的一些不确定的行为将得到处理，而且对某些不安全的操作也会抛出错误。要在 JS 文件中启用严格模式，可以在顶部添加 "use strict"，代码如下。

```
//server.js
"use strict"
var http = require("http");
var app = http.createServer(function(request, response)
```

```
{
    response.writeHead(200, {"Content-Type": "text/plain"});
    response.end("Hello world!");
});
```

文件开始的"use strict"语句，表示以严格模式运行。

这行代码看起来像是字符串，而且也没有赋值给任何变量，但它其实是一个编译指令（pragma），用于告诉支持的 JavaScript 引擎切换到严格模式。这是为不破坏 ECMAScript 3 语法而特意选定的语法。

在函数内部的上方包含这条编译指令，从而指定该函数在严格模式下执行。

```
function doSomething()
{
    "use strict"
    /* 函数体 */
}
```

2.3　如何运行与调试 JavaScript 代码

对于 JavaScript 初学者来说，常遇到的一个困惑是：在网上可以搜到大量的 JavaScript 代码示例，但不清楚在什么环境下运行它？

为解决 JavaScript 运行问题，我们先来回顾一下 JavaScript 是怎么工作的。一方面，JavaScript 可以通过<script>标签内嵌在 HTML 网页中，通过浏览器运行；另一方面，也可以直接在 Node.js 环境下运行。

2.3.1　把 JavaScript 代码内嵌到 HTML 页面中

我们先来看第一种情况：在 Sublime Text 编辑中，创建一个 HTML 文件，先把标准的 HTML 标签写好，在<body>标签中添加一段 JavaScript 代码，如下。

```
<!DOCTYPE html>
<html>
<head>
    <title> 测试</title>
</head>
<body>
<script type="text/javascript">
    var sub = function f(a,b)
    {
        return a - b;
    }
    console.log(sub(9,6));
```

```
        </script>
    </body>
    </html>
```

在 Chrome 浏览器中打开这个 HTML 文件，页面是一片空白。的确，我们只是输出了一个 log，但这个 log 在哪里呢？既然是 console.log，就是输出在控制面板中。为了调试浏览器中的代码，打开 Chrome 中的"开发工具"窗口，在 Console 中，看到了正常的 log 信息，如图 2-3 所示。

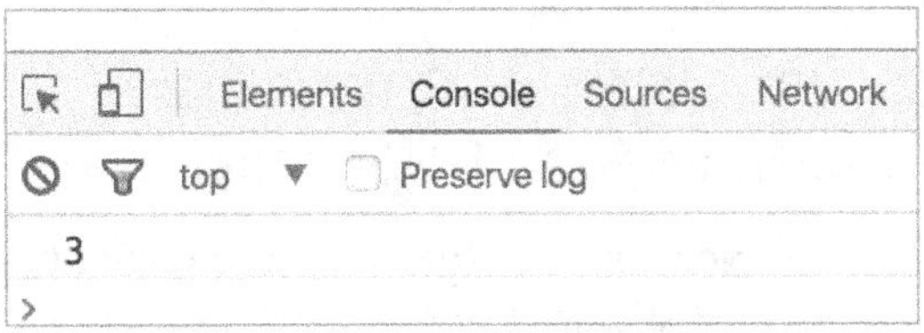

图 2-3　Chrome 浏览器中 log 信息

以上的输出是针对"console.log(sub(9,6))"的，如果换为"console.log(f(9,6))"，那又将怎样呢？出现了错误信息：f is not defined，如图 2-4 所示。这是一种 undefined 错误，说明这种函数调用方式有误。

图 2-4　在 Chrome 浏览器中查看报错信息

既然有了明确的错误提示信息，修复起来反倒是一件较为简单的事。这种调试 JavaScript 代码的方法是将 JS 代码内嵌到了 HTML 网页中，为了调试 JS，还得写上一段 HTML 标签。有没有一种更为快捷的调试 JS 代码方法呢？这时候，我们自然就想到了 Node.js。

2.3.2　通过 Node.js 运行 JavaScript 代码

不错，Node.js 就是为 JavaScript 而生的，我们完全可以在 Node 环境下调试 JavaScript 代码。具体来说，创建一个 JS 文件，需要添加以下代码。

```
//test.js
var sub = function f(a,b)
{
    return a - b;
}
console.log(sub(9,6));
```

打开终端窗口，进入该 JS 文件所在的路径，输入 node 指令（当然，前提是已经安装了 Node.js）。通过 node 指令，运行该 JS 文件，如 node test.js。

还是同样代码，其 log 输出是在终端窗口中，这种方法比在浏览器中调试 JS 要方便得多。同样，如果换成"console.log(sub(9,6));"则会出现以下报错信息。

```
console.log(f(9,6));
ReferenceError: f is not defined
```

以上讲述了 JavaScript 代码的调试方法：

● 通过浏览器来调试，这种方法还得写一段 HTML 页面；

● 通过 Node.js 调试 JavaScript 很方便，不过需要安装 Node.js 环境。

在全栈开发中，我们用到了 Node.js，而 Node.js 又是 JavaScript 的运行环境，这么说来，在 Node.js 上调试 JavaScript 代码是再方便不过了。关于 Node.js 的安装与使用，详见后面的 Node.js 章节。

2.4 JavaScript 的面向对象设计思想

面向对象（Object-Oriented，OO）的语言有一个标志，那就是它们都有类的概念，如 C++、Java、Objective-C 等面向对象的编程语言，通过类可以创建任意多个具有相同属性和方法的对象。而 JavaScript 中没有类的概念，因此，JavaScript 中的对象与基于类的对象有所不同。

在 JavaScript 中，把对象定义为：无序属性的集合，其属性可以包含基本值、对象或者函数。严格来讲，这就相当于说对象是一组没有特定顺序的值。对象的每个属性和方法都有一个对应的值，而这种结构，恰恰是我们常说的 Key-Value（键值对）格式。

JavaScript 对象的创建：创建一个自定义的 JavaScript 对象，最简单的方式就是创建一个 Object 实例，然后为它添加属性和方法。例如：

```
var person = new Object();
person.name = "susan" ;
peson.age  = 18;
person.sayName = function()
{
    alert(this.name);
}
```

上面的例子创建了一个名为 person 的对象，并为它添加了两个属性和一个方法。早期的 JavaScript 开发者经常使用这种模式创建一个新的对象，近几年，人们越来越趋向于使用对象字面量来创建 JavaScript 对象。上面的例子，用对象字面量语法可以改写成：

```
var person =
{
```

```
    person.name = "susan" ;
    peson.age  = 18;
    person.sayName = function()
    {
        alert(this.name);
    }
};
```

这个例子中的 person 对象与前面例子中的 person 对象是一样的，都有相同的属性和方法。

2.5　JavaScript 的异步编程模式

单线程和事件轮询是 JavaScript 的一大特色，JavaScript 中的 I/O 都是非阻塞的，所以异步编程模式在 JavaScript 编程中变得越来越重要，传统的方式是使用回调，而回调方式用起来有些复杂。为此，需要找到一种更为理想的方法，降低复杂度。在新的 JavaScript 规范中，出现了 Promise 模式，它的风格比较人性化，而且主流的 JavaScript 框架都提供了自己的实现。例如，Node.js 就用到了 Promise 模式。在使用 Promise 模式时，需要恰当地设置 Promise 对象，在对象的事件中调用状态转换函数，并且在最后返回 Promise 对象。

如果不用 Promise 模式，常规的 JavaScript 异步模式要采用回调的方法，比如：

```
fs.readFile('text.txt',function (error, result)
{
    if (error)                    //出现失败时的处理
    throw error;                  //抛出异常
    else
    //成功时的处理
})
```

传给回调函数的参数为 error 对象、执行结果的组合。同理，Node.js 也有类似的规定，在 Node.js 的回调函数中，它的第一个参数是 error 对象，正所谓"错误优先处理"。

像上面这样基于回调函数的异步处理，如果约定了同样的参数规则的话，写法也会明了，但是，这也仅是编码规约而已，毕竟采用不同的写法也不会出错。

为了把异步处理的模式进行规范，才出现了 Promise 模式，它要求按照统一的接口来编写，那些偏离规则之外的写法都会出错。

下面是使用了 Promise 模式进行异步处理的一个例子。

```
var promise = fs.readFile('text.txt') ;
promise.then(function(result)
{
    //获取文件内容成功时的处理
}).catch(function(error)
{
```

```
  //获取文件内容失败时的处理
});
```

它返回的是 Promise 对象，这个 Promise 对象注册了执行成功和失败时相应的回调函数。

那么，Promise 模式与回调函数模式有什么不同呢？在使用 Promise 模式进行异步处理时，我们必须按照接口规定的方法编写处理代码。也就是说，除 Promise 对象规定的方法（这里的 then 和 catch）以外的方法都是不可以使用的，而不是像回调函数那样可以自己随意定义回调函数的参数。

这样，基于 Promise 模式统一接口的做法，就可以形成基于接口的多种异步处理模式。所以说，通过 Promise 模式，可以把复杂的异步处理轻松地进行模式化，而这正是使用 Promise 模式的理由之一。

2.5.1　Promise 对象

这里主要介绍 ECMAScript 6 规范的 Promise 对象。

所谓 Promise 对象，就是代表了未来某个将要发生的事件，主要用在异步操作上。一个 Promise 实例对象表示一次异步操作的封装，异步操作的结果有成功或失败两种，然后根据异步操作的结果采取不同的操作，也可以把多个 Promise 对象串联起来使用，这就是我们常说的链式调用。

有了 Promise 对象，就可以将异步操作以同步操作的流程表达出来，避免层层嵌套的回调函数；此外，Promise 对象还提供了一套完整的接口，只要遵循这套接口，就可以更加容易地控制异步操作。

2.5.2　生成 Promise 实例对象

Promise 代表着异步操作的最终结果。与 Promise 交互的最主要的方式就是使用 then 方法，注册回调方法可以调用 Promise 的成功方法（resolve）或失败方法（reject）。

使用 Promise 模式，通常包括以下几步：

● 用构造器创建 Promise；
● 用 resolve 处理成功；
● 用 reject 处理失败；
● 用 then 和 catch 设置控制流。

这里，我们以读取文件 fs.readFile 为例，讲述 Promise 的生命周期。

创建 Promise：创建 Promise 的最基本方法就是直接使用构造器。

```
var promise = new Promise(function(resolve, reject)
{
```

```
    if (/* 异步操作成功 */)
    {
        resolve(value);
    }
    else
    {
        reject(error);
    }
});

promise.then(function(value)
{
    //如果成功, 处理 …
}, function(value)
{
    //如果失败,  处理 …
});
```

上面代码表示, 我们给 Promise 构造函数传递了一个函数作为参数。在这里, 我们告诉 Promise 怎么执行异步操作, 分为两个状态: 成功之后的处理, 以及出现错误之后的处理。

resolve 参数是一个函数, 当得到期待的返回值时, 调用 resolve()方法。reject 参数也是一个函数, 当接到错误的返回值后, 调用 reject(err)方法。这里所说的错误并不是指代码的错误, 而是指发生异常的情况下, 需要给出对应的异常处理。

接下来, 我们完成整个构造器函数, 应用场景是: 读取文件, 当成功时调用 resolve( )方法; 异常时调用 reject(err)方法, 代码如下。

```
const text = new Promise(function (resolve, reject)
{
    //普通的 fs.readFile 调用
    fs.readFile('text.txt', function (err, text)
    {
        if (err)                          //如有错误, 调用 reject 方法
            reject(err);
        else                              //如果没有错误, 调用 resolve 方法
            resolve(text.toString());     //转换为字符串
    })
})
```

以上是 Promise 构造函数的实现, 接下来介绍它的流程控制。

2.5.3 Promise 原型方法

前面已经构造了一个 Promise, 虽然我们已经写了 resolve 和 reject 方法, 但还没有传递给 Promise。接下来开始设置 Promise 的流程控制, 这就是我们通常用到的 then 方法。

Promise 的原型方法为

```
promise.then(onFulfilled, onRejected)
```

onFulfilled 和 onRejected 都必须为函数，then 方法使得异步编程可以实现链式调用。我们看到，每个 Promise 都有一个 then 方法，then 方法有两个参数：一个是 resolve 方法，另一个是 reject 方法，并按照顺序传递。调用 Promise 对象的 then 方法，并把 resolve 和 reject 函数传递给构造器，从而构造器可以调用这些传入的函数。

```
const text = new Promise(function (resolve, reject)
{
    fs.readFile('text.txt', function (err, text)
    {
        if (err)
        reject(err);
        else
        resolve(text.toString());
    })
})
.then(resolve, reject);
```

这样，Promise 在读取文件之后，返回了一个 Promise 对象，然后调用 Promise 对象的 then 方法，从而为异步操作创建一个类似同步那样的控制流。

因为 then 方法返回的是一个 Promise 对象，所以可以采用链式调用，逐级传递下去。

2.5.4 Promise 的 catch 方法

promise.catch (rejection)方法是 promise. then (null, rejection)的别名，catch 用于指定发生错误时的回调函数。在 Promise 实例对象的状态变成 fulfilled 或者 rejected 之前，只要发生错误，就会执行这个回调。

```
fs.readFile('text.txt').then(function (text)
{
    //正常处理
} .catch(function(error)
{
    //处理前一个回调函数运行时发生的错误
    console.log('发生错误! ',error);
});
```

Promise 对象的错误具有"冒泡"性质，会一直向后传递，直到被捕获为止。也就是说，错误总是会被下一个 catch 语句捕获的。

2.5.5 Promise 在 Node.js 中的应用

之所以花了一定的篇幅来讲解 Promise 模式，是因为在 MEAN 全栈开发中会广泛用到它。比如，在对 MongoDB 进行操作时，用到了 mongoose 数据库引擎，而 mongoose 就用到了 Promise 设计模式，代码如下。

```
var mongoose = require('mongoose');           //load mongoose package
mongoose.Promise = global.Promise;            //Use native Node promises
//connect to MongoDB
mongoose.connect('mongodb://localhost/todo-api')
.then(() => console.log('connection succesful'))
.catch((err) => console.error(err));
```

以上代码中，用到了 Promise 对象，也用到了 then 方法和 catch 方法。

我们知道，Node.js 也是 I/O 非阻塞编程，会普遍用到异步编程。在异步编程中，Promise 是不可或缺的模式，起初看起来令人望而生畏，仅仅是不熟悉而已，用过一段时间，就会觉得它会像 if/else 一样自然了。

2.6 如何在 HTML 中嵌入 JavaScript

只要一提到把 JavaScript 放入到网页中，就离不开 Web 的核心语言——HTML。在当初开发 JavaScript 的时候，要解决的一个重要问题就是如何让 JavaScript 既能与 HTML 页面共存，又不影响那些页面在不同浏览器中的呈现效果。最终的决定是，为 Web 增加统一的脚本支持，这个脚本就是 JavaScript。

2.6.1 <script>标签

向 HTML 页面插入 JavaScript 的主要方法，就是使用<script>标签。使用<script>标签的方式有两种：直接在页面中嵌入 JavaScript 代码和引入外部的 JavaScript 文件。

在使用<script>标签嵌入 JavaScript 代码时，只需为<script>指定 type 属性，把 JavaScript 代码直接放在<script>与</script>之间即可，代码示例如下。

```
<script type ="text/javascript" >
function  foo()
{
    /* code */
}
</script>
```

如果要通过<script>标签来包含外部的 JavaScript 文件，那么，src 属性是必需的，这个属性的值是一个指向外部 JavaScript 文件的链接。例如：

```
<script src="js/bootstrap.min.js"></script>
```

在这个例子中，外部文件 bootstrap.min.js 将被加载到当前页面中。需要注意的是，带有 src 属性的<script>标签不能在它的<script>与</script>标签之间再包含额外的 JavaScript 代码。即便是嵌入了 JavaScript 代码，也只会执行这个引入的外部文件，嵌入的 JavaScript 代码会被忽略。

另外，通过<script>标签的 src 属性还可以包含来自外部域的 JavaScript 文件。这一点，使得<script>标签的功能变得更加强大。在这一点上，<script>与<img>标签非常相似，即它的 src 属性可以是指向当前 HTML 页面所在域之外的某个域中的 URL。例如：

```
<script src="http://apps.bdimg.com/libs/angular.js/1.4.6/angular.min.js">
</script>
```

这样，位于外部域中的代码也会被加载和解析，就像这些代码位于加载它们的 HTML 页面中一样。利用这一点，可以在必要时通过不同的域来提供 JavaScript 文件。在访问自己不能控制的服务器上的 JavaScript 文件时则要多加小心，以免被恶意的文件所替换。因此，如果想包含来自不同域的代码，要保证那个域的所有者是值得信赖的。

2.6.2 <script>标签的位置

无论 HTML 文件怎么包含 JavaScript 代码，只要不存在特别属性，浏览器都会按照<script>标签在 HTML 页面中出现的先后顺序，依次对它们进行解析。换句话说，在一个<script>标签包含的 JavaScript 代码解析完成后，第二个<script>标签包含的代码才会被解析，随后才是下一个，以此类推。

按照惯例，所有的<script>标签都应该放在<head>元素中，例如：

```
<!DOCTYPE html>
<html>
<head>
    <title> Home Page </title>
    <script src="js/jquery.min.js"></script>
    <script src="js/bootstrap.min.js"></script>
</head>
<body>
    <!-- 这里放内容 -->
 </body>
</html>
```

这种做法的目的是把所有外部文件的引用都放在<head>标签内，这就意味着必须等到全部 JavaScript 代码都被下载、解析和执行完成后，才能呈现页面的内容。这是因为浏览器只有在遇到<body>标签时才开始呈现内容。这样一来，对于那些需要很多 JavaScript 代码的页面来说，这无疑会导致浏览器在呈现页面时出现明显的延迟，而延时期间的浏览器窗口中将是一片空白。为了避免这个问题，现代 Web 应用程序一般都是把全部 JavaScript 引用放在<body>标签中，而且是放在页面内容的后面，如下所示。

```
<!DOCTYPE html>
<html>
<head>
    <title> Home Page </title>
</head>
<body>
    <!-- 这里放内容 -->
    <script  src="js/jquery.min.js"></script>
  <script  src="js/bootstrap.min.js"></script>
</body>
</html>
```

这样，在解析包含的 JavaScript 代码之前，页面的内容将完全呈现在浏览器中，从而缩短了浏览器窗口显示空白页面的时间，对于用户来说，感觉到页面打开的速度加快了。这就是移动互联网时代所强调的用户体验。

2.6.3　嵌入 JavaScript 代码与外部文件引用

在 HTML 中嵌入 JavaScript 代码虽然没有问题，但一般认为最好的做法还是尽可能使用外部文件来包含 JavaScript 代码。不过，并不存在必须使用外部文件的硬性规定。通常，引用外部文件有以下优点。

可维护性：分布在不同 HTML 页面中的 JavaScript 代码会造成维护问题，但把所有 JavaScript 文件都放在一个文件夹中，维护起来就方便多了，而且开发人员也能够在不触及 HTML 页面的情况下，集中精力编辑 JavaScript 代码。

可缓存：浏览器能够对外部 JavaScript 文件进行缓存，也就是说，如果两个页面都使用同一个 JavaScript 文件，那么这个文件只需下载一次，其最终的目的还是为了能够加快页面加载的速度。

2.7　JavaScript 与 JSON

2.7.1　JSON 概述

JSON 是独立于语言的数据格式，尽管它最初起源于 JavaScript 脚本语言，许多编程语言都自带解析和生成 JSON 数据的代码。在 Web 开发中，常听到数据格式要用 JSON。前端与后台的交互之所以采用 JSON，是因为：

● JSON 数据格式比较简单，基本上没什么浪费的字节，易于读写；

- JSON 格式能够直接为服务器端代码使用，大大简化了客户端与服务器端的代码开发量，且易于维护；
- JSON 与编程语言无关，任何编程语言都可以轻松使用 JSON；
- JSON 类型安全，值是有类型的，如字符串、整数、布尔型等。

2.7.2 什么是 JSON

JSON 的英文全称是 JavaScript Object Notation，它是一种轻量级的数据交换格式，JSON 使用 JavaScript 语法，但 JSON 格式仅仅是一个文本，既然是文本，就可以被任何编程语言读取，从而作为一种约定好的数据格式来传递。

JSON 采用了 JavaScript 语法，JavaScript 对象是由一些"键-值"对组成的，而且还可以方便地使用花括号{}来定义。另一方面，JavaScript 的数组使用了方括号[]来定义，我们可以在数组中内嵌对象，也可以在对象中内嵌数组，只要把这两种语法组合起来，就可以轻松地表达复杂而庞大的数据结构。

2.7.3 JSON 语法规则

JSON 的语法规则如下。

- 数据为键值对（Key/Value）；
- 数据由逗号分隔；
- 大括号保存对象；
- 方括号保存数组。

JSON 数据：一个名称对应一个值。JSON 数据格式为键-值对。"键"是一个字符串，"值"可以是字符串，也可以是其他类型。通过这种表示法可以方便地构建庞大的 JSON 数据，比如：

```
{
    "key_1": value,
    "key_2" :[
        "array",
        "of",
        "items"
    ]
}
```

提示：JSON 字符串与 JavaScript 对象是两个不同的概念。

JSON 是基于 JavaScript 语法的一个子集而创建的，特别是对象与数组的语法。正是由于 JSON 这种特殊的来历，导致很多 JavaScript 程序员往往会混淆 JavaScript 对象和 JSON，二者主要区别如下。

（1）JSON 是纯文本，不是 JavaScript 对象。JSON 是作为 XML 的替代品而出现的，它本身是一种跨平台的数据表示标准，是纯文本字符串，不局限于任何编程语言。在 MEAN 全栈技术开发中，会用到大量的 JSON 格式。

JavaScript 代码则必须符合 JavaScript 语言规范，不能在其他语言中直接使用。

（2）JSON 文本是 JavaScript 语言中的合法代码。由于 JSON 本身选用了 JavaScript 的语法子集，使得 JSON 字符串本身就是合法的 JavaScript 代码。下面的 JavaScript 代码正好符合 JSON数据格式。

```
var person =
{
    "name": "susan",
    "gender": "female",
    "age": 18
}
```

然而，我们不能把上面这段代码叫做 JSON，因为它出现在 JavaScript 源文件中，是JavaScript 代码，不是纯文本，因此只能把它叫做 JavaScript 对象。

JavaScript 字面量代码不一定是合法的 JSON 文本，而所有的 JSON 文本都是合法的JavaScript 代码，反之，不一定成立。因为 JSON 只是 JavaScript 的一个子集而已，JavaScript还有很多部分是不符合 JSON 规范的，比如下面这段代码。

```
var person =
//下面的 Javascript 代码不符合 JSON 规范
{
    name: "susan",
    sex:  "female",
    age:  18
}
```

与前一段代码的区别是，尽管我们把包围属性名的双引号去掉了，它仍然是合法有效的JavaScript 对象，但已经不是合法的 JSON 文本了，**因为 JSON 要求所有的属性必须加双引号**。不单单是引号问题，JavaScript 中还有很多数据类型也是 JSON 所不支持的，如函数：

```
var person =
{
    "username": "susan",
    "logon": function()
    {
        alert('logon is successful');
    }
}
```

对于 JavaScript 语法来讲，作为合法的对象，上面这段代码再常见不过了，然而却不是合法的 JSON，因为 JSON 还不支持函数这种数据类型。

从 JavaScript 角度来看，在对象和数组的基础上，JSON 格式的语法具有很强的表达能力，但对其中的值也有一定的限制。例如，JSON 规定的键-值对必须是字符串值，并且都要包含在双引号中。如果在一个 Vaule 中出现了函数，那么就可以断定，它不是 JSON 格式，而是 JavaScript 对象。

2.8　小结

JavaScript 是 Web 页面中的一种脚本编程语言，也是一种基于对象和事件驱动的脚本语言。它不需要进行编译，而直接嵌入到 HTML 页面中，通过 JavaScript 把静态页面转换为支持用户响应事件的动态页面。

作为一门脚本语言，JavaScript 常常被"轻视"。通过本章的介绍，我们开始对它刮目相看。JavaScript 所特有的函数式编程在 Node.js 中大放异彩！

从数据格式上看，JavaScript 对象与 JSON 数据格式极为相似。不错，我们常用的 JSON 数据格式正是源于 JavaScript。

有了 Bootstrap，我们可以轻松制作静态网页；掌握了 JavaScript，我们可以让静态的网页动起来。

接下来，我们将正式进入 MEAN 全栈开发的世界！

基 础 篇

从本篇开始，我们将正式进入 Node.js 的世界。尽管 Node.js 功能已经很强大，但其生态系统的构建还要借助于 Express、AngularJS、MongoDB，以及模板引擎。

在吹响"全端"号角的今天，我们越来越强调前端框架的重要性。在前端的世界，AngularJS 可谓"玉树临风"。在 MEAN 全栈中，Node.js 和 Express 负责后端处理，而与网页交互的正是 AngularJS，因此，可以想象 AngularJS 在本书中所占比重之高。

把 MongoDB 数据库应用到 MEAN 全栈中，可谓相得益彰。通过 MongoDB，你将对全栈开发会有一个完整的、全新的认知。

基础篇主要指引读者搭建 Node.js 开发环境、介绍 Node.js 的安装使用；随后是学习建立在 Node.js 基础之上的 Express 后端框架；再通过 AngularJS 前端框架实现网页的请求和数据的交互；最后与后台数据库 MongoDB 打通，从而实现从前端到后台的增、删、改、查。

为了给后续的实战做好铺垫，本篇的核心是在讲述如何理解和实现一个标准的 RESTful API，这是互联网系统对接时最常用的技术。

第 3 章

Node.js 入门指南

3.1 概述

与传统的 Web 服务器相比，一个显著的区别是 Node.js 是单线程的。乍一看可能觉得这是一种倒退。而事实证明，这正是 Node.js 的玄妙之处。单线程极大地简化了 Web 程序的编写，如果需要多线程程序的性能，只需启用多个 Node.js 实例，就可以得到多线程的性能优势。

每当一门新的技术框架出现时，人们普遍关注的是它的编程风格。Node.js 采用 JavaScript 编程语言，它表现得更像是纯粹的解释型语言一样，没有单独的编译环境，尽管代码编写很简单，但调试起来麻烦不少。

Node.js 程序的另一个好处是，它的与平台无关性。Node.js 提供了三个主流操作系统（Windows、MAC OSX、Linux）的安装软件，在不同操作系统上搭建 Node.js 开发环境是分分钟的事。

3.2 Node.js 生态

Node.js 的核心技术在于，它让 JavaScript 从浏览器中分离出来，从而让 JavaScript 得以在服务器上运行。在 Node.js 基础之上，又推出了后台服务器框架——Express。Node.js 社区充满了活力和无限激情，一直都在保持着快速的更新。

Node.js 的另一个支柱是数据库，除了最简单的静态 Web 页面，只要是动态 Web 页面都需要数据库，而 Node.js 生态系统支持的数据库很多，从而为 Node.js 的普及奠定了基础。Node.js 不仅支持所有的主流关系数据库（如 MySQL、SQL Server、Oracle）接口，而且，它还推动了 NoSQL 数据库的发展。NoSQL 是一种新颖的数据库，准确地说，我们应该称之为"文档数据库"或"键/值对数据库"。NoSQL 提供了一种概念上更简单的数据存储方式，这类 NoSQL 数据库有很多，MongoDB 是其中的佼佼者，甚至成为 Node.js 开发的专属数据库。关于 NoSQL 的更多内容，详见后续的数据库章节。

3.3　Node 开发环境的搭建

首先需要检查下你的电脑是否安装了 Node.js，在终端窗口输入以下命令并运行。

```
$ node -v
```

写作本书时，Node.js 最新版本是 v6.9.2。如果你没有安装 Node.js，或者版本比较落后，可以重新安装。Node.js 是一款免费的软件，它的安装过程再简单不过了。直接登录到 Node.js 官网（https://nodejs.org），Node.js 安装包支持 Windows、Mac OS 和 Linux 操作系统，根据操作系统安装所需要的 Node.js 版本即可。整个安装过程，不需要额外的配置，按照提示一步步操作即可完成。

Node.js 安装之后，再安装其他的模块就简单多了，这是因为，Node.js 自带 NPM 工具，NPM 是 Node Package Manager 的缩写，从字面意思就能看到，NPM 的作用是管理 Node.js 所需要的包（Package）或模块（Module）。通过 NPM 命令，可以很方便地安装 Node.js 模块。

小贴士：

Node、Node.js 还是 Node.JS？

关于 Node，经常出现几种不同的说法，那到底以哪个为准呢？

按照 Node 官方网站（https://nodejs.org/）的说法，Node.js®是商标，即使在官网上，也常常把 Node.js 简称为 Node。

3.4　Node.js 验证

Node.js 安装后，需要快速验证它是否安装成功了。打开电脑上的终端窗口，输入以下命令：

```
node
```

接下来，在 Node.js 提示符下，执行以下命令：

```
> console.log("Hello World");
```

如果 Node.js 正常的话，应该在终端窗口输出 "Hello World"。这时候，在终端窗口，仍然看到一个 ">" 符号，表明它还处于 Node 运行状态。

可通过按下 Ctrl+C 组合键，退出 Node 服务。其实，Ctrl+C 不是 Node 所特有的，它是常用终端命令的一种，其用途是中断当前运行的命令。

接下来，在终端窗口的命令提示符下，执行以下命令来验证 npm 命令能否正常工作。

```
npm version
```

此时，应该看到类似如下的输出：

```
{
    npm: '3.10.9',
    ares: '1.10.1-DEV',
    http_parser: '2.7.0',
    icu: '57.1',
    modules: '48',
    node: '6.9.2',
    openssl: '1.0.2j',
    uv: '1.9.1',
    v8: '5.1.281.88',
    zlib: '1.2.8'
}
```

Node.js 安装后，接下来创建一个 Node.js 工程。

3.5 第一个 Node.js 工程

3.5.1 创建 Node.js 工程

要想创建一个 Node.js 工程，并不需要一个 Node.js 专用的 IDE（集成开发环境）。只要手头有一个编辑器，就可以创建一个 Node.js 工程。这里推荐使用 Sublime Text 编辑器（http://www.sublimetext.com）。

Sublime Text 是一款极为优雅、高效的编辑器，所有文件的管理都可以直接在 Sublime 这个超级编辑器中完成，而且还是免费的。

在 Sublime 中创建一个文件，代码如下。

```
//server.js
var http = require("http");
var app = http.createServer(function(request, response)
{
    response.writeHead(200, {"Content-Type": "text/plain"});
    response.end("Hello world!");
});
//启动服务
var server = app.listen(3000, function ()
{
    console.log('Server listening at http://' + server.address().address + ':'
                              + server.address().port);
});
```

打开终端窗口，进入到该文件所处的路径，运行 node server.js。此时，在浏览器中输入"http://localhost:3000"，浏览器输出"Hello world!"，如图 3-1 所示。

图 3-1　Node.js 在浏览器上的输出结果

之所以能够在浏览器中看到 "Hello world!"，起关键作用的是 HTTP 模块的 createServer() 方法，通过这个方法，创建了一个 HTTP 服务实例。该方法接收一个回调函数，回调函数的参数分别代表 HTTP 请求对象（Request）和 HTTP 响应对象（Response）。

Node.js 的核心理念是事件驱动编程。对于程序员来说，必须事先知道有哪些事件，以及如何响应这些事件。通常情况下，用户在界面上单击了一个按钮，就会产生一个单击事件，这就是直观上的事件驱动编程。对于 Node.js 编程来说，套路就是：前端（客户端）触发事件（发出一个请求），后台响应前端的请求（响应客户端的事件）。

在刚才的示例中，来自客户端的事件是隐含的，这个隐含的事件就是 HTTP 请求。在 http.createServer(function(request, response) {...})中，request 代表客户端的请求，而 response 代表后台的响应。这就是说，request 与 response 是成对出现的。在这段代码中，前端发出 HTTP 请求后，后台返回给前端一个字符串 "Hello world!"。

读到这里，你可能产生一个疑问：为什么返回的是一串字符而不是一个网页呢？这是因为，有这么一段代码：

```
{"Content-Type": "text/plain"}
```

它把内容类型设为了普通文本。如果想返回一个网页，需要把"text/plain"改为"text/html"。当然，仅仅做这个改动是不够的，还得提供相应的 HTML 文件。后面的章节会有详细的讲述。

3.5.2　运行 Node.js 工程

学习任何一门编程技术，最有效的方法就是揣摩他人的工程，边调试边学习。在 https://www.github.com 上，可以搜到很多 Node.js 源码实例。初学者遇到的困惑是，当拿到一个 Node.js 工程时，该怎么运行呢？

如同看一本书要先看它的目录一样，几乎每一个 Node.js 工程都有一个配置文件，用来统一管理这个工程，这个配置文件就是 package.json。要想知道怎么运行 Node.js 工程，先得弄清楚 package.json 这个文件的内涵。

1．package.json 文件概述

每个项目的根目录下，一般都有一个 package.json 文件，定义了这个项目所依赖的模块，以及项目的配置信息（如名称、版本等）。npm install 命令根据这个配置文件，自动下载所依赖的模块，配置项目所需要的运行环境。

从文件的后缀可以看出，package.json 是一个 JSON 结构的对象，先看段代码示意。

```
{
    "name": "login",
    "version": "0.0.0",
    "private": true,
    "scripts":
    {
        "start": "node ./bin/www"
    },
    "dependencies":
    {
        "body-parser": "~1.15.2",
        "cookie-parser": "~1.4.3",
        "debug": "~2.2.0",
        "ejs": "2.5.2",
        "express": "~4.14.0",
        "morgan": "~1.7.0",
        "serve-favicon": "~2.3.0"
    }
}
```

其中的 dependencies 字段，指定了项目运行所依赖的模块。dependencies 对象的各个成员，分别由模块名和对应的版本组成，表示依赖的模块及其版本范围。

每个模块对应的版本，可以加上版本的限制，主要有以下几种。

（1）指定版本：如 1.2.2，遵循"大版本.次要版本.小版本"的格式规定。安装时，只安装指定的版本。

（2）波浪号+指定版本：如~1.2.2，表示要安装 1.2.x 的最新版本（不低于 1.2.2），但是不安装 1.3.x，也就是说，安装时不改变大版本号和次要版本号。

package.json 文件可以手动编写，也可以通过"npm init"命令自动生成。

2．依赖模块的安装

每个 Node.js 工程都默认带有一个 package.json 文件，通过 package.json 文件，可以清晰地看到它所依赖的模块。

那么，怎么安装这些依赖模块呢？总不至于一个个地安装吧？Node.js 提供了相应的批量

安装指令"npm install"。打开终端窗口，进入到所要运行的工程路径，运行

```
npm install
```

该指令检查当前目录下的 package.json，并自动安装所有指定的依赖模块。安装成功后，会自动生成一个 node_modules 文件夹，所安装的依赖模块会加入 node_modules 文件夹中。

如果一个模块不在 package.json 文件之中，可以单独安装这个模块，并使用相应的参数，并将其写入 package.json 文件之中。

例如，安装 Express 模块。

```
npm install express --save
```

参数"--save"表示安装后会自动把模块名添加到 package.json 文件中。

3．启动 Node.js 服务

基于 Node.js 的全栈开发框架，离不开 Express 技术。在 Node.js 中，Express 是作为一个 module 而存在的，所以在 package.json 文件中，常看到 Express 的依赖，如"express": "~4.13.0"。

一个 Express 应用，实际上就是一个 Node.js 程序，因此可以直接运行。在安装好依赖后，接着启动这个服务。

对于一个规范的工程来说，在它的根目录下，会有一个服务的入口，通常是 app.js 或 server.js 文件。在终端窗口，进入到它所在的路径，运行这个服务程序即可。

启动服务指令：

```
node app
```

可以不带.js 后缀。如果运行成功，通常给出这样的一个提示：

```
server listening on port 3000
```

接下来，打开浏览器，输入地址"http://localhost:3000"，就会看该应用的主页了。想要关闭服务的话，在终端中按下 Ctrl+C 组合键。

提示，Node.js 应用默认的端口是 3000，但这并不意味着端口不能改变，所以在启动 Node.js 服务时，一定要查看下端口的设置。

3.5.3　Node.js 服务自动重启工具——nodemon

我们注意到，每次修改后台服务代码后，都要先停止当前的服务，同时按下 Ctrl+C 组合键，再重新启动服务。在项目开发的过程中，我们会频繁执行类似的命令：node server.js。既然修改代码的频次很高，有没有一种方法，可以做到代码修改后，自动刷新服务呢？这就要用到自动重启工具——nodemon。

在使用 nodemon 之前，先要安装它，安装方法离不开 npm 指令。

```
npm install -g nodemon
```

安装完 nodemon 后，就可以用 nodemon 来代替 node 来启动应用了。例如：

```
nodemon server.js
```

nodemon 之所以比较流行，主要是因为它的可配置性很高；通过配置 nodemon 的生产环境，当应用崩溃后，nodemon 会先中断服务退出应用，再重新启动服务。

如果想通过 npm start 命令来启动应用，同时又想用 nodemon 来监控文件改动，可以修改 npm 的 package.json 文件中的 scripts.start。

```
"scripts":
{
    "start": "nodemon ./bin/www"
}
```

这时候，就可以简单地通过 npm start 来启动这个服务了。运行应用程序的指令是：

```
npm start
```

安装了 nodemon 后，只需要执行：

```
nodemon
```

以上两个指令，运行结果是同等的。无疑，有了 nodemon 后，运行程序更加方便快捷了。

3.6 Node.js 的 module 应用

module，顾名思义，是"模块"的意思。module 是 Node.js 应用程序的基本组成部分，文件和模块是一一对应的。也就是说，一个 Node.js 文件就是一个模块，这个 Node.js 文件可以是封装好的 JavaScript 方法，也可以是 JSON 数据，还可以是用 C/C++语言编写的、经过编译后的 Node.js 扩展。例如：

```
var http = require('http');
```

其中，http 就是一个 module，而且是 Node.js 的一个核心的 module，其内部是用 C++实现的，外部用 JavaScript 封装。我们通过 require 方法引用了这个模块，然后才能使用这个模块（htpp）中的对象。

模块是 Node.js 的重要支柱之一。开发一个具有一定规模的程序不可能只用一个文件，通常需要把各个功能拆分、封装，然后组合起来使用，模块正是为了实现这种方式而诞生的。Node.js 提供了 require 函数来调用其他模块，而且模块是基于文件的，机制十分简单。可以说，一个文件就是一个模块。

当一个模块被另一个模块调用时，需要用到 module.exports 机制。

编写 Node.js 代码时，常常要创建 module。一个 module 就是一个文件，在 module 文件的最后，经常看到类似 module.exports 代码，这就是 module 的接口，用来对外提供对象和方法。

既然 module 是一个文件，module 就可以被其他文件引用，module 文件中，只有被声明为 export 的对象和方法，才能被其他文件引用。事实上，Node.js 的 module 所提供的接口有多种写法，并非仅仅 module.exports，这里给出常见的几个场景。

（1）module 声明一个全局的常量或者变量，例如：

```
//user.js
var User =
{
    "name": "susan",
    "age": 18,
};
module.exports = User;
```

声明 module.exports 之后，如何调用这个 module 呢？先创建一个 js 文件，例如：

```
//test.js
var user = require("./user");
console.log("the user name is " + user.name);
```

启动服务：在终端窗口，进入该工程所在路径，运行

```
node test.js
```

输出结果如下：

```
node test.js
the user name is susan
```

（2）module 声明为一个普通函数，例如：

```
//func.js
var func = function()
{
    console.log("this is a testing function");
};
module.exports = func;
```

调用方法：

```
//test2.js
var func = require("./func");
func();
```

运行结果如下：

```
node test2.js
this is a testing function
```

为了能够准确地找到所要调用的 module，需要给出确切的路径。"./" 路径表示调用文件和被调用文件处于同一层目录。

（3）直接通过 exports 对外提供接口，可以同时对外提供多个函数。先声明一个 module 文件，例如：

```
//functions.js
var func1 = function()
{
    console.log("func1");
};
var func2 = function()
{
    console.log("func2");
};
exports.function1 = func1;
exports.function2 = func2;
```

调用方式为：

```
//test3.js
var functions = require("./functions");
functions.function1();
functions.function2();
```

启动 Node.js 服务，运行结果如下：

```
node test3.js
func1
func2
```

3.7　Node.js 编码规范

JavaScript 作为一门编程语言，在语法上可谓是最灵活的语言了。正是因为它的灵活多变，更需要一种规范来约束。既然 Node.js 采用了 JavaScript 语言，随着 Node.js 的流行，基于 JavaScript 编码规范之上，形成了 Node.js 特有的编码规范。

（1）缩进：采用 2 个空格缩进，而不是 Tab 缩进。空格在编辑器中与字符是等宽的，而 Tab 可能因编辑器的设置而不同，2 个空格会让代码看起来更紧凑、明快。

（2）单双引号的使用：JavaScript 中单引号（'）和双引号（"）没有任何语义区别，两者都是可以的。

由于双引号在很多场景下使用，因为在 JSON 和 XML 中都规定了字符串必须使用双引号。为此，在 Node.js 中，建议使用单引号。而且要注意，这个单引号是英文字符的单引号，不能是中文字符的单引号。使用单引号最大的好处是无须转义，直接引用。比如：

```
var html = '<a href = "https://nodejs.org"> Node.js </a>';
```

在 Node.js 编程中，常看到以下单引号的代码。

```
var express = require('express');
var router = express.Router();
/* GET home page. */
```

```
router.get('/', function(req, res, next) {
  res.render('index', { title: 'Express' });
});
module.exports = router;
```

在 JSON 中，严格的规范是要求字符串用双引号。如果内容中出现了双引号时，需要转义。

（3）大括号的位置分两种情况：一种是紧接代码，不单独起一行。例如：

```
if (true) {
    /* code */
}
```

还有一种是，大括号另起一行。代码示例如下：

```
if (true)
{
    /* code */
}
```

以上两种情况，没有孰对孰错，只是风格不同。为了使代码看上去更加紧凑，建议用第一种风格，大括号并行，不再另起一行。

（4）语句分隔符：JavaScript 非常灵活，可以用分号 ";" 作为语句之间的分隔符，像 C 和 Java 语言一样都离不开分号。JavaScript 还可以像 Python 语言那样，把换行作为语句之间的分隔符。在特定的场景下，分号的省略会造成不必要的麻烦，为避免这种情况，一律使用分号作为分隔符，不再省略。

规范的语句分隔方式如下。

```
var a = 'hello';
var b = 'world';
var c = function(x)
{
    console.log( a + ' ' + x );
};
c(b);                     //输出结果：hello world
```

3.8　小结

Node.js 的内容极为高深，单纯的几个 Node.js 术语，就足以把初学者挡在 Node.js 开发的门外。例如，Node.js 事件模型、监听器、阻塞 I/O、套接字服务等，要想掌握这些技术，难度可想而知。

Node.js 用起来不是那么简单，也正是出于这个原因，才出现基于 Node.js 之上的框架，而最为主流的 Node.js 框架非 Express 莫属！

通过下一章的学习，你会领悟到，Express 为 Node.js 开发添加了一双凌厉的翅膀，它使得原本高深的 Node.js 变得如此得简单易用，让初学者轻松上手！

第 4 章

Express——后端框架

4.1 概述

Express 是 MEAN 全栈中的 E。Express 的官方网站是http://expressjs.com/，它是一个应用最为广泛的 Node Module（模块），也是一个极为成熟的后端框架，目前已发展至 4.X 版本。

Express 到底有什么用呢？我们先来设想下，对用户来说，一个网站由前端网页和后台数据组成，这里似乎看不到 Express 的影子。问题在于，开发一个复杂功能的网站时，需要呈现多个页面，页面之间还有跳转的逻辑，这就涉及路由问题。

可以说，Expresss 是目前最流行的基于 Node.js 的 Web 开发框架，有了 Express，可以快速地搭建一个完整功能的网站。

Express 主要包含三个核心概念：路由、中间件、模板引擎。

4.2 第一个 Express 工程

4.2.1 Express 工程的创建

Express 是基于 Node.js 之上的框架，是对 Node.js 的进一步封装。Express 框架的核心是对 HTTP 模块的再封装，有了 Express 框架，HTTP 的请求就会变得简单起来。我们再来用 Express 改写代码。

```
var express = require('express');
var app = express();
app.get('/', function (req, res)
{
    res.send('Hello world!');
});
//start server
```

```
var server = app.listen(3000, function ()
{
    console.log('Server listening at http://' + server.address().address + ':'
                                             + server.address().port);
});
```

再来启动这个服务，在浏览器地址栏输入 "http://localhost:3000"，浏览器输出效果是一样的，还是输出 "Hello world!"

在此之前，我们曾经用 Node.js 原生的方法创建了一个 Hello World 工程。在 Node.js 原生中，用 http.createServer 方法创建一个 App 实例；在 Express 框架中，用 express()构造方法创建了一个 Express 对象实例。两者的回调函数都是相同的。虽然功能相同，从易用角度来看，有了 Express，代码的可读性增强了很多。

不错，Express 上手很快，使用 Express 只需要两行代码。

```
var express = require('express');        //用来加载 Express 模块
var app = express();                     //通过 Express()构造函数，创建 Express 实例对象
```

Express 给我们带来的最大便利是让路由变得更加简单，那么，什么是路由呢？

4.2.2 Express 的路由

对于任何一个应用服务器来说，其核心在于它是否有一个强劲的路由（Router），试想一下网络请求的过程：客户端发送一个请求（URL）给服务器，服务器找到所需要的资源，并以一种约定的数据格式返回给客户端。如果缺乏一个有效的请求和路由机制，那么应用服务器可承受的负载将非常有限，更何况高并发的处理呢。

路由是指客户端所发出的网络请求机制。Web（客户端）在 URL 中指明它想要的内容，具体来说，这个 URL 就是请求路径和请求参数。客户端通过 "路由"，为不同的访问路径指定不同的处理方法。例如：

```
app.get('/', funtion(req,res) { … } );
```

这就用到了路由的配置。App 的 get 方法中，路由参数是根路径 "/"。它的意思是说，当客户端发出 get 请求并且访问路径是根路径时，后台服务处理这个请求。相应地，还有 app.post、app.put、app.del（delete 是 JavaScript 保留字，所以改叫 del）方法。

get 方法的第一个参数是访问路径，正斜杠（/）就代表根路径；第二个参数是回调函数，它的 req 参数表示客户端发来的 HTTP 请求，res 参数表示服务器返回给客户端的响应，这两个参数都是对象。在回调函数内部，使用 HTTP 响应的 send 方法，表示向浏览器发送一个字符串。

我们看到，通过 Node.js 和 Express 都可以实现客户端的请求和服务器的响应，而 Express 框架等于在 HTTP 模块之上添加了一个中间件。有了这个 Express 框架，网络请求变得简单了很多。那么，什么是中间件呢？

4.2.3　Express 的中间件

从概念上讲，中间件是对处理 HTTP 请求功能的一种封装，具体的表现形式为中间件是一个函数，它有三个参数：一个网络请求对象、一个服务器响应对象、一个 next 函数。

中间件是在管道中执行的，打个形象的比喻：这好比一个送水的管道，水从一端灌入，在输送到目的地之前，还会经过各种仪表和阀门。这里要注意一个顺序问题，把压力表放在阀门之前和之后的效果是不同的。同样，如果在阀门的上游为水注入一些原料，那么，在阀门的下游也会含有上游添加的原料。在 Express 中，通过调用 app.use 向管道中插入中间件。

在 Express 4.0 之前，这个管道有些复杂，我们必须显式地把路由连接起来。因为中间件和路由处理器是混在一起的，从而使得管道的顺序不是特别清晰。

从 Express 4.0 起，中间件和路由处理器都是按照它们的连入顺序调用的，这样一来，顺序变得更加清晰自然。

在管道的最后，通常放一个"捕获一切"请求的处理器，由它来处理所有跟前面都不匹配的路由请求，这个中间件一般返回的状态码是 404，表示"未找到"的意思。

那么，如何在管道中结束网络的请求呢？这是由传给每个中间件的 next( )函数来实现的。如果不调用 next( )，请求就在当前所在的中间件终止了。

我们需要灵活运用中间件和路由处理器，这是掌握 Express 技术的关键，有以下几个相关的概念。

● 路由处理器：app.get、app.post 等，统称为 app.verb，这也是一种中间件，只处理特定的 HTTP 请求。路由处理器的第一个参数必须是路径，如果想让某个路由匹配所有路径，只需要用 "/*"。

● 路由处理器和中间件的参数中，都有回调函数，参数的个数不固定，通常是 2 个、3 个或 4 个。常用的是 2 个或 3 个参数，第一个参数是网络请求，第二个参数是响应对象，第三个参数是 next( )函数。

● 如果是 4 个参数，它就变成了错误处理中间件，第一个参数变成了错误对象，然后依次是网络请求、响应对象、next( )函数。

● 如果不调用 next( )函数，管道就会被终止，也不会再有处理器或中间件的后续处理。如果不调用 next( )函数，则应该发送一个响应给客户端，常用的有三种格式：res.send、res.json、res.render 等。如果不这样做，客户端就会被挂起，并最终导致超时。

● 如果调用了 next( )函数，一般不宜再发送响应给客户端，这是因为如果发送了响应，管道中后续的中间件或路由处理器还会执行，但它们发送的任何响应都会被忽略。

简单说来，中间件（Middleware）就是处理 HTTP 请求的函数，它的最大特点是，一个中间件处理完，再传递给下一个中间件。应用程序在运行过程中，会调用一系列的中间件。

先看一段中间件代码。

```
function fooMiddleware1(req, res, next)
{
    next();
}
```

每个中间件可以从 App 对象实例接收三个参数，依次是：request 对象（表示 HTTP 请求）、response 对象（表示 HTTP 响应）、next 回调函数（表示下一个中间件）。每个中间件都可以对 HTTP 请求进行判断，从而决定是否进入到下一级，将 request 对象再传给下一个中间件，参数中的 next 就是这个意思。

上面这段代码不进行任何处理，只是将 request 对象传递到下一级。

我们再来看一段 Express 工程中的代码示例。

```
app.use(function(req, res, next)
{
    console.log('processing request for ' + req.url );
    next( );
});
app.use(function(req, res, next)
{
    console.log('terminating request');
    res.send('thanks for playing!');
    //注意,这里没有调用next( )方法,请求处理就终止了
});
app.use(function(req, res, next)
{
    console.log('l never get called!');
});
```

这里用到了三个中间件：第一个中间件只是输出了一个 log 信息，把请求传给了下一个中间件；第二个中间件真正地处理请求，注意，如果忽略了 res.send( )，就不会有响应返回到客户端，最终会导致客户端等待超时；第三个中间件永远也不会执行，因为所有的请求都在上一个中间件终止了。

4.2.4　设置静态目录

所谓静态目录，是指在客户端不通过路由映射而直接访问的目录。比如，在 Express 工程的 app.js 文件中，设置了 public 目录。

```
app.use(express.static(path.join(__dirname, 'public')));
```

public 目录常用作静态资源的根目录,这样在客户端就可以直接访问 public 下的静态资源。比如，访问"public/stylesheets/style.css"样式文件。

```
<link rel='stylesheet' href='/stylesheets/style.css' />
```

通过 app.use( )重载和 express.static( )方法，也可以设置其他的静态资源目录。比如，在 Express 的根目录下创建一个存放上传文件的目录 upload，当在客户端以静态资源的方式访问这个目录时，可以像下面这样设置。

```
app.use(express.static(path.join(__dirname, 'upload')));
```

4.3 Express 中的 Cookie 与 Session

在网络购物时，经常遇到这样的情况，比如在某个网页上进行了登录操作，当跳转到商品页面进行购物时，服务器端是如何知道用户已经处于登录状态的呢？这个登录状态应该在某个地方被记录下来才行。

HTTP 是一个无状态协议，为完成一个业务，客户端（或者说 Web 网页）需要向服务器端发送多次请求，服务器端每次获得的请求无法判断上一次请求所包含的状态数据。如何把一个用户的状态数据关联起来呢？这时候，就要用到 Cookie 和 Session 了。

4.3.1 Cookie 是如何工作的

用户首次访问 Web 站点时，Web 服务器对用户一无所知。当然，Web 服务器希望用户下次再来时能够一眼认出该用户来，怎么办呢？在用户首次访问 Web 站点时，Web 服务器给用户贴上一个独有的标签，这个标签就好比用户的身份证，是用户所独有的。我们称这个标签为 Cookie，有这个 Cookie，Web 服务器就可以识别出这个用户了。Cookie 中包含了一个列表，数据格式为 "name=value"，并通过 Set- Cookie 方法，把用户的标识放在 HTTP 的标头。

Cookie 是 HTTP 协议的一部分，它的处理分为以下几步：

- 服务器向客户端发送 Cookie。
- 浏览器将 Cookie 保存。
- 浏览器每次请求时，都会将之前保存的 Cookie 发给服务器。

关于 Cookie 的使用，一直存在安全的质疑。把用户的标识信息存在客户端的 Cookie 中，服务器用这个标识符来识别客户端。这样做有一个很大的弊端，就是黑客可以通过篡改 Cookie 的值来骗取服务器，因此，Cookie 的使用一直受到安全的质疑。

4.3.2 Session 是什么

Session 是 "会话" 的意思。从不同的层面看 Session，会有不同的含义。在 Web 用户看来，从打开一个浏览器访问一个电子商务网站开始，到登录、完成购物和支付，直到关闭浏览器，这就是一个会话。对于 Web 开发者来说，用户登录时需要临时存储用户的登录信息，这个存储结构也叫作 Session。因此，在谈论 Session 时，需要注意上下文，看看所说的是不是一回事儿。

4.3.3　为什么需要 Session

谈及 Session，一般是指在 Web 应用的背景下。我们知道，Web 应用是基于 HTTP 协议的，而 HTTP 协议恰恰是一种无状态协议。也就是说，用户从页面 A 跳转到页面 B 时，会重新发送一次 HTTP 请求，而服务器端在返回响应的时候无法获知该用户在请求页面 B 之前做了什么。这就需要一种技术来保存用户的状态，而 Session 就是解决这个问题的。要实现会话，就得在客户端保存会话信息，否则服务器无法从下一个请求中识别到客户端来自哪里。

要想把会话信息存放在服务器上，有两种方法：一种方法是通过服务器内存来存放会话信息，另一种方法是通过服务器的数据库来存放会话信息。

通过 Express 框架，可以很方便地实现 Session 的管理，这得益于它有一个 express-session 中间件。

4.3.4　Session 应用场景

在 Express 框架中，有一个 express-session 中间件，它是专门处理 Session 的中间件。Session 的认证机制离不开 Cookie，这就是说，只要用到了 express-session 中间件的地方，需要同时使用 cookie-parser 中间件。

在页面跳转时，如果想保存用户的偏好，就可以用会话（Session）。Session 常用来提供用户验证信息，用户登录后就会创建一个会话，在之后的页面操作中，就不用在每次重新加载页面时再登录一次了。当然，有些网站不用登录就可以浏览，比如新闻网页，即便不用登录，Session 的用途仍然可以派上用场。通过 Session，网站可以记住用户的喜好，并且自动展示出用户所喜欢的内容。

4.4　Express 中的网络请求方法

在 Express 工程中，经常看到类似下面这样的网络请求。

```
app.get('/', function(req,res )
{
    ………
});
```

还有以下这种带有参数的网络请求方法。

```
app.get('/user/:id', function(req, res)
{
```

```
    res.send('user ' + req.params.id);
});
```

从字面上可以猜出，req 是 request 的简写，表示网络请求；而 res 是 response 的简写，表示服务器给出的响应。req 和 res 是两个对象，它们有着特有的属性和方法。

function(req, res)是一个回调函数，通过 req 对象，可以获取到请求的 params 参数。Express 4.X 版本中的网络请求参数，共有三种：

- req.params；
- req.query；
- req.body。

在 Express 4.X 版本之前，还有一种网络请求方法，即 req.param，这种方法只是以上三个参数的组合，在 express 4.X 中已经弃用。Exprees 4.X 官方文档 API，详见http://expressjs.com/en/4x/api.html。

既然有三种获取参数值的方式，那它们的应用场景又是怎样的呢？我们先来看一下 req.params 的应用。

4.4.1 req.params

如果留意的话，在浏览器中会经常看到两类访问方式：一种是带问号的，另一种是不带问号的。req.params 属于不带问号的这种。

先来看下面一段代码。

```
var express = require('express');
var app = express();
app.get('/user/:id', function(req, res)
{
    res.send('user is ' + req.params.id);
});
//启动服务
app.listen(3000, function ()
{
    console.log('Server is listening');
});
```

app.get('/user/:id')中的 id，与 req.params 中的 id 是对应的。通过 req.params.id，可以获取到请求的参数。

以上代码，看下运行的效果。通过 Node.js 启动服务，在浏览器中输入

```
http://localhost:3000/user/张三
```

浏览器输出的结果是

```
user is 张三
```

 代码解读

```
app.get('/user/:id', function(req, res)
{
    res.send('user is ' + req.params.id);
});
```

这里的 id 可以输入任何名字（中文、英文或数字），不管在地址栏中输入什么，都可以从 req.params 中获取到输入的参数。req.params 本身是一个对象，通过 req.params 可以获取 URL 的参数。

4.4.2　req.query

Node.js 本身是支持 req.query 的，不需要载入中间件就能用。当我们看到 req.query 时，第一反应是对 query 的理解，query 是查询的意思。

req.query 包含 URL 的查询参数，在 URL 的问号（？）后面有一个或多个参数。

4.4.3　req.body

与 req.body 不同的是，Node.js 本身并不支持 body 解析，需要加入 body-parser 中间件才可以使用 req.body。此方法通常用来解决 POST 请求中的数据。

在获取表单参数方面，req.body 是大有可为的。Express 中间件 bodyParser( ) 为 req.body 的应用创造了条件。当加载 bodyParser( ) 方法后，请求的对象被默认为 JSON 格式，从而可以很方便地获取 req.body 的数据。

可以肯定的是，req.body 一定是 POST 请求；也就是说，前端发出的 POST 请求，后台只有通过 req.body 才能获取到 POST 的内容。

当用到 req.body 时，Express 必须加载中间件 body-parser，加载方法如下。

```
var bodyParser = require('body-parser');
```

如果不加载 body-parser 中间件，req.body 将被判断为"未定义"（undefined）。有了 body-parser 中间件，网页中文中的内容将被解析为 key-value（也就是 JSON）格式。

4.4.4　网络请求方法

对于客户端的网络请求来说，分为以下三种情况。

● 对于 path 中的变量，均可以使用 req.params.xxxxx 方法。

- 对于 GET 请求的?xxxx=，使用 req.query.xxxxx 方法。
- 对于 POST 请求中的变量，使用 req.body.xxxxx 方法。

4.5　Express 中的 GET 与 POST 请求

GET 与 POST 是 HTTP 最为常用的两个请求，它们是 RESTful API 的重要组成部分，而且各有分工。通常来讲，GET 是用来从后台获取数据的，而 POST 是用来向后台提交数据的。

Express 框架通过 Express 实例来处理客户端的 GET 和 POST 请求。4.0 版本之前的 Express 通过 connect 中间件来处理 POST 请求，多少让人有些迷惑。在 4.0 以后的版本，connect 中间件被弃用了，取而代之的是 body-parser 中间件。

4.5.1　GET 请求

在 Express 中处理 GET 请求是一件很简单的事情，只需要创建一个 Express 实例，然后调用它的 GET 方法就可以了。

这里给出一个 GET 请求示例，代码如下。

```
var express = require("express");
var app = express();
app.get('handle',function(request,response)
{
});
```

当在浏览器地址栏输入"http://localhost:3000/handle"时，会执行相应的回调方法。

需要注意的是，GET 请求的数据能够被缓存在浏览器中，为了安全考虑，对于敏感的数据，如用户密码，不要放在 GET 请求中。

4.5.2　POST 请求

在 Express 4.0 及以上版本，用 body-parser 这个中间件来处理 POST 请求，当用到 POST 请求时，需要单独安装 body-parser 中间件。方法是先安装，再加载。

如同安装其他中间件一样，安装 body-parser 的方法有两种。

- 直接写在 package.json 脚本文件中，通过 npm install 一次性安装。
- 通过终端命令来安装，即 npm install --save body-parser。

把 body-parser 模块加载到工程中，并且告诉 Express 来使用这个中间件，代码如下。

```
var express = require('express');
var bodyParser = require('body-parser');
var app = express();
```

```
app.use(bodyParser.urlencoded({ extended: false }));
app.use(bodyParser.json());
```

一旦配置完成后，Express 就可以通过 app.post 路由来处理 POST 请求了。为了获取到 POST 的参数（或对象），可以通过 req.body.xx 的方式来获取，代码示意如下。

```
app.post('handle',function(req,res)
{
    var var1=req.body.var1;
    var var2=req.body.var2;
});
```

代码中的 var1 和 var2 通常来自 Web 页面上的<input>标签，路由（Route）、视图（View）、控制器（Controller）三者构成一个完整的页面单元。

在 Express 4.X 版本中，是通过以上方式来处理 GET 与 POST 请求的。接下来，我们通过一个登录页面，来演示 GET 与 POST 的应用。

4.6　通过 Express 实现登录页面

先设计一个登录的场景，通过 GET 请求，进入登录页面；通过 POST 请求，把用户名和密码提交给后台服务。这就需要创建一个 HTML 页面，下面分步来实现。

第一步：安装依赖模块。先创建一个文件夹，用来存放工程，后续的操作，可以直接在 Sublime 中完成，如创建一个文本文件 package.json，代码如下。

```
//package.json
{
    "name": "get-post-demo",
    "version": "0.0.1",
    "dependencies":
    {
        "body-parser": "~1.8.1",
        "express": "~4.9.0"
    }
}
```

安装 package.json 中所依赖的模块，这里有两个依赖模块：express 和 body-parser。在终端窗口，输入指令"npm install"，这样两个依赖模块就安装成功了。

第二步：创建一个服务。创建一个服务文件，代码如下。

```
//server.js
var express     = require("express");
var bodyParser = require("body-parser");
var app         = express();
app.listen(3000,function()
```

```
{
    console.log("Started on PORT 3000");
})
```

至此，就可以通过 Node.js 启动这个服务了。

```
node server.js
```

启动之后，在终端窗口中会输出一个 log：Started on PORT 3000。这时候，即便在浏览器地址栏中输入"http://localhost:3000"，也不会有什么反应，因为我们还没有构建路由。

第三步：构建路由。我们希望，当用户在浏览器地址栏中输入"http://localhost:3000"时，加载一个 Web 页面，这就要构建一个路由。通过 Express Router 构建路由是一件很简单的事，在 server.js 文件中，添加以下代码。

```
//server.js
app.get('/',function(req,res)
{
    res.sendfile("index.html");
});
```

当用户在浏览器地址栏中输入"http://localhost:3000"时，返回 index.html 文件。我们先来构建路由（Router），再创建视图（index.html）。

在登录页面（index.html）中，单击"登录"按钮，发出 POST 请求，把用户名和密码发送给后台，后台会给出响应，把请求的参数通过 log 打印出来，代码如下。

```
//server.js
app.post('/login',function(req,res)
{
    var user_name=req.body.user;
    var password=req.body.password;
    console.log("User name = "+user_name+", password is "+password);
    res.end("yes");
});
```

通过前面几步，实现了一个完整的服务，全部代码如下。

```
var express   = require("express");
var bodyParser = require("body-parser");
var app       = express();
app.use(bodyParser.urlencoded({ extended: false }));
app.use(bodyParser.json());
app.get('/',function(req,res)
{
    res.sendfile("index.html");
});
app.post('/login',function(req,res)
{
```

```
    var user_name=req.body.user;
    var password=req.body.password;
    console.log("User name = "+user_name+", password is "+password);
    res.end("yes");
});
app.listen(3000,function()
{
    console.log("Started on PORT 3000");
})
```

完成了路由（Route），再来看视图（View）的构建。

第四步：构建视图。登录页面的构建有两种方法：一种是通过传统的 Ajax 调用 POST 请求；另一种是用我们所推崇的 AngularJS 前端框架。

先来看第一种方法，基于 Ajax 构建的 Web 页面，代码如下。

```
//index.html
<html>
    <head>
        <title>Simple login</title>
        <script src="//http://apps.bdimg.com/libs/jquery/2.1.4/jquery.min.js ">
        </script>
        <script>
            $(document).ready(function()
            {
                var user,pass;
                $("#submit").click(function()
                {
                    user=$("#user").val();
                    pass=$("#password").val();
                    $.post("http://localhost:3000/login",{user: user,password:
                                                    pass}, function(data)
                    {
                        if(data==='done')
                        {
                            alert("login success");
                        }
                    });
                });
            });
        </script>
    </head>
    <body>
        <p>登录演示 !</p>
        <input type="TEXT" id="user" size="40"><br>
        <input type="password" id="password" size="40"><br>
```

```
        <input type="button" id="submit" value="登录">
    </body>
</html>
```

路由和视图都已经准备了，看下运行效果吧，只需两步操作。

● 在终端窗口，进入到该工程所在的路径，启动服务 node serer.js。
● 打开浏览器，在地址栏输入"http://localhost:3000"。

正常情况下，在浏览器中出现这样的页面，如图 4-1 所示。

登录演示！

用户名

●●●●●

登录

图 4-1　启动 Node.js 服务生成的登录页面

本节主要讲述了如何通过 Express 构建一个路由，为了配合演示效果，我们创建了一个登录页面。也许你已经注意到：路由的实现所用代码量非常简洁，给人一种四两拨千斤的感觉；相比之下，一个简单的登录页面，却用了大量的代码。难道是前端网页开发的难度很大吗？

其实不然，路由之所以看上去简单，是因为我们借助了强大的 Express 后端框架。如果抛开 Express，完全基于 Node.js 来编写代码，代码量同样是非常之大的。说到这里，或许你会提出一个疑问：我们能不能借助一个强大的前端框架，只需要简短的几行代码就能实现同样的功能呢？答案是有的，它就是——AngularJS 前端框架。

这里，我们并不急于展示 AngularJS 的强大，而是先把基础打好，循序渐进，随着知识的积累，越往后越能体验到 AngularJS 的强大！

刚才写了一大段 index.html 代码，其目的仅仅是为了验证 POST 请求和对应的 body-parser 的应用，那么，有没有一种更为简洁的方法，可以快速验证这些 REST API 呢？当然有，通过 Postman（https://www.getpostman.com），可以很方便地调试后台接口。Postman 是一个客户端软件，分为 Mac OS、Linux、Windows 和 Chrome 版本，可以根据开发环境安装合适的版本。

4.6.1　GET 请求验证

接下来，我们看下如何通过 Postman 发起一个带有参数的 GET 请求。

第一步：创建一个 package.json 文件。

```
{
    "name": "express-parameters",
```

```
    "main": "server.js",
    "dependencies":
    {
        "express": "~4.10.2"
    }
}
```

第二步：创建一个 Node.js 服务文件，代码如下。

```
//引入 express 中间件
var express = require('express');
var app = express();
var port = process.env.PORT || 3000;
//设定路由
app.get('/api/users', function(req, res)
{
    var user_id = req.param('id');
    var token = req.param('token');
    var name = req.param('name');
    res.send('id='+user_id + ' ' + 'token='+token + ' ' + 'name='+name);
});
//启动服务
app.listen(port);
console.log('Server started! At http://localhost:' + port);
```

第三步：安装 package.json 所依赖的模块（npm install），并启动 Node 服务（node server.js）。

后台服务起来了，客户端开始发送请求，这是一个 GET 请求。打开 Postman 客户端，注意几个选项，如图 4-2 所示。

图 4-2　通过 Postman 手动发送网络请求

Postman 窗口有很多选项，我们只需要关注以下几点。

● 请求方式：从下拉列表中可以看出，有多种请求方式，这里选择 get。

● 请求参数：Params 可以手动添加参数，这里有三个参数，分别为 id、token、name。注意参数的一致性，具体来说，参数必须与这几行代码保持一致。

```
app.get('/api/users', function(req, res)
{
    var user_id = req.param('id');
    var token = req.param('token');
    var name = req.param('name');
    res.send('id='+user_id + ' ' + 'token='+token + ' ' + 'name='+name);
});
```

4.6.2 POST 请求验证

前面讲了 GET 请求，我们再来看下 POST 请求。只要用到了 POST 请求，那么就离不开 body-parser 模块。

创建一个后台服务文件，代码如下。

```
var express = require('express');          //加载所需要的模块
var app = express();
var port = process.env.PORT || 3000;
var bodyParser = require('body-parser');
app.use(bodyParser.json());                //support json encoded bodies
app.use(bodyParser.urlencoded({ extended: true })); //support encoded bodies
//路由设置
app.post('/api/users', function(req, res)
{
    var user_id = req.body.id;
    var token = req.body.token;
    var name = req.body.name;
    res.send('id='+user_id + ' ' + 'token='+token + ' ' + 'name='+name);
});
//启动服务
app.listen(port);
console.log('Server started! At http://localhost:' + port);
```

代码解读

既然依赖 body-parser，就得安装这个模块，安装指令如下。

```
npm install body-parser --save
```

有了--save 这个参数（注意 save 前面是两个短画线），body-parser 模块标识符会自动添加到 package.json 文件中，而且所安装的模块（body-parser）会自动添加到 node_modules 模块管理组中。

注意：与 GET 请求不同的是，POST 请求是通过 req.body 获取客户端的请求的。通常来讲，这些参数都是通过表单形式提交给后台的。前面讲解 POST 请求时，我们写了一个 HTML 登录网页，代码量很大。如果仅仅是为了验证 POST 请求，我们完全可以通过 Postman 来完成，验证的方法如下。

- 请求方式选为 post。
- 请求的 Body 格式设为 "application/x-www-form-urlencoded"。
- 创建请求对象{id:"4",token: "abc",name:"张三"}，创建过程完全是可视化的。
- 在 Postman 导航栏中，输入 URL "http://localhost:3000/api/users"。

后台服务的响应内容为 "id=4 token=abc name=张三"。

整个 POST 请求的模拟过程如图 4-3 所示。

图 4-3　通过 Postman 进行 POST 请求

4.7　小结

客户端最常用的请求方式有 GET 与 POST，其他的请求方式，比如 put、delete 等在用法上大同小异。当用到 POST 请求时，需要依赖 body-parser 中间件。对于后台来说，关键是如何抓取到前端网页中的对象，而 Express 路由框架则解决了这个关键的技术问题。

行文至此，MEAN 全栈的后端部分（Node.js+Express）告一段落了。接下来，开始进入前端的世界。在接触 AngularJS 之前，我们先来做一个铺垫，认识一下模板引擎。

第5章

Express 的模板引擎

5.1　模板引擎概述

5.1.1　什么是模板引擎

模板引擎（Tempalte Engine）是一个将页面模板和要显示的数据结合起来生成 HTML 页面的工具。在谈到 MVC 设计模式时，常常这么理解：Express 中的路由控制器方法相当于 MVC 中的控制器（Controller），而模板引擎就相当于 MVC 中的视图（View）。

模板引擎的功能是将页面模板和要显示的数据结合起来生成 HTML 页面，它既可以运行在服务器端，又可以运行在客户端。大多时候，它都是在服务器端直接被解析为 HTML 的，解析完成后，再传输到客户端，因此客户端甚至无法判断页面是不是由模板引擎生成的。当然，模板引擎也可以运行在客户端，这里所说的客户端是指浏览器。考虑到浏览器的兼容性问题，还是由服务器端运行模板引擎为好。

模板引擎的工作原理如图 5-1 所示。

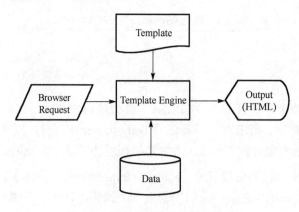

图 5-1　模板引擎工作原理示意图

简单说来，HTML = Template + Data。值得一提的是，这里的 Data 是 JSON 对象，不能使用 JSON 字符串，单纯的 JSON 字符串是渲染不出来的。

　　在 MVC 设计模式中，模板引擎放在了服务器端。当控制器得到用户的请求后，从模型（Model）获取到数据，再调用模板引擎。模板引擎以数据和页面模板为输入，生成 HTML 页面，然后返回控制器，由控制器交回给客户端。

5.1.2　模板引擎的选择

　　在 Node.js 世界里，有许多模板引擎可供选择，用业内的说法，模板引擎多得数不胜数，其语法也千奇百怪。那么如何挑选呢？这是个复杂的问题，而且大多数取决于你的需求。下面是一些可供参考的准则。

　　性能：显然，你希望模板引擎尽可能地快。在移动互联网时代，"用户体验"为王，客户端、服务器端或兼而有之，大多数模板引擎都可运行在客户端或服务器端。如果你需要在这两端都使用模板，这个时候，就要选择那些在这两端都表现优秀的模板引擎。

　　代码可读性：为了增强代码的可读性，可以在普通的 HTML 文本中使用大括号。在模板引擎中，经常看到这样的代码{{…}}。

　　Express 允许使用任何一个你想要的模板引擎，如 Jade、Handlebars、EJS。如果不喜欢某个模板引擎，可以轻松地换掉它。

5.1.3　服务器端模板引擎

　　服务器端模板会在 HTML 发送到客户端之前渲染它，服务器端模板与客户端模板不同，客户端模板没有私密可言，通过查看浏览器的源文件，完全可以看到所使用的模板引擎；而服务器端的模板在浏览器中是看不到的，而且，用户也无法看到用于最终生成 HTML 的上下文对象。从一定程度上讲，模板引擎用在服务器端是安全的。

　　服务器端模板除了隐藏实现的细节外，还支持模板缓存，这对性能很重要。模板引擎会缓存已编译的模板，只有模板发生变化时才会重新编译和重新缓存，这将提升模板视图的渲染性能。默认情况下，视图缓存在开发模式下禁用，在生产环境下启用。如果想显式地启用视图缓存，需要这样来设置：

```
app.set('view cache', true);
```

　　Node.js 的模板引擎有多个，最为常见的有 Jade、HandleBars、EJS。既然有这么多的模板引擎可供选择，它们有什么特别之处呢？先从 Jade 模板引擎讲起。

5.2 模板引擎的种类

5.2.1 模板引擎 Jade

在大多数模板引擎还在以 HTML 中心的时候，Jade 就以抽象 HTML 细节而引人注目。同样值得注意的是，Jade 是 TJ Holowaychuk 的设想，他也是为我们带来 Express 的人。这么说来，Jade 与 Express 可以很好地结合也就不足为奇了。Jade 的编码风格是一种创新，正是因为常规的 HTML 写法太枯燥，有着太多的冗余的标签。

一个标准的 Jade 风格的文件，代码如下。

```
doctype html
html
    head
        title my jade template
    body
h1 Hello World
```

浏览器是无法直接识别 Jade 代码的，只有经过 Jade 模板引擎渲染后，才能转换为可被浏览器识别的 HTML，转换后的 HTML 代码如下。

```
<!DOCTYPE html>
<html>
    <head>
        <title>my jade template</title>
    </head>
    <body>
        <h1>Hello World</h1>
    </body>
</html>
```

从中可以看出，Jade 无疑是少敲了很多字，因为不再有尖括号和结束标记。取而代之的是，它依赖缩进和一些约定的规则，从而更容易表达出自己想要展示的元素。

尽管 Jade 的理念很超前，代码的编写也很优雅，但它随之带来的问题也很明显，它让 HTML 看上去过于抽象，作为一个 Web 开发者，HTML 是核心。大多数前端开发人员看到 Jade 时，一脸茫然，需要重新学习 Jade 的编程风格。可以说，学习曲线有些陡。也许，Jade 的出现有些突然，距离被大众所接受，还需要一点时间。

正是以上因素，在接下来的示例中，我们并没有采用 Jade。当然，如果你对 Jade 钟情，尽管使用它好了。

5.2.2　模板引擎 Handlebars

注：Handlebars 官网http://handlebarsjs.com/。

Handlebars 是另一个流行的模板引擎 Mustache 的扩展，它有着简单的 JavaScript 集成和容易掌握的语法，Handlebars 没有明显的短板，如果不选用 Handlebars，只能说 Handlebars 不能激发你的想象力，所以才去尝试其他不一样的模板引擎。

5.2.3　模板引擎 EJS

EJS 是 Embedded JavaScript 的缩写，这个词描述得通俗易懂：通过嵌入具有 JavaScript 特色的功能来进行 HTML 模板的渲染。也可以说，EJS 是一个基于 JavaScript 的模板库，用来从 JSON 数据中生成 HTML 字符串。

EJS 比较通俗易懂，从代码展示效果来看，它仍然是 HTML 结构，但同时又具有额外的功能，可以有效地复用已有的代码块。如果有一个现有的 HTML 项目，所需要做的全部工作就是用.ejs 扩展名重新命名文件，然后就可以使用 EJS 的特殊功能了。

有过 Java 开发经验的人，初看 EJS 模板引擎并不陌生，一方面它的语法与 Java 中的 VELOCITY 相似，另一方面完全把视图解耦出来，性能也比较出色。

以上简单介绍了下 Jade、HandleBars、EJS 的基本概念，总结一下它们之间的差异：

- Jade：新推出的，小众化；概念上有所创新，用得人较少，有太多的约束。
- HandleBars：也是基于 HTML 结构，与 EJS 相似度较高，国内用得较少。
- EJS：本身中规中矩，从编码风格来看，EJS 文件酷似 HTML 文件。不管是 Node.js、Java 还是.Net 开发者，对 EJS 都比较熟悉。

从我经历的项目来看，还是推荐使用 EJS。原因是，那些已经具有 ASP、JSP 开发经验的人，已经很习惯 EJS 的操作了。选择主流的框架，有这方面技能的人多，便于产品的后期维护。

本书所讲解的基于 MEAN 全栈的实例，所选用的模板引擎都是 EJS。

5.3　Express 中的 EJS

从前面的示例中可以看出，EJS 是一个通用的模板引擎，并不是说只有 Node.js 才可以用 EJS，其他的前端框架也可以用 EJS。在 MEAN 全栈框架中，如何使用 EJS 模板引擎呢？这里分两种情况。

（1）在一个已有的 Express 工程中，引入 EJS 模板引擎。这种应用场景是，项目之前用的其他的模板引擎，现在想改为 EJS，这就要安装 EJS，可以通过 npm 指令安装。

```
npm install ejs
```

（2）还有一种场景是新创建一个 Express 工程时，引入 EJS 模板引擎。我们知道，如果不加限定条件，默认创建的 Express 工程使用的是 Jade 模板引擎，如果想使用 EJS，只需在创建 Express 工程时，加上 ejs 限定条件就可以了。创建命令为：

```
express --view=ejs projectname
```

例如，创建一个基于 EJS 模板引擎的 Express 工程，只需要简单的几步。

5.3.1 创建工程 Express 工程

在终端窗口进入到指定的工程目录，执行命令：

```
express --view=ejs mydemo
```

终端窗口的执行过程如下。

```
create : mydemo
create : mydemo/package.json
create : mydemo/app.js
create : mydemo/public
create : mydemo/public/javascripts
create : mydemo/public/images
create : mydemo/public/stylesheets
create : mydemo/public/stylesheets/style.css
create : mydemo/routes
create : mydemo/routes/index.js
create : mydemo/routes/users.js
create : mydemo/views
create : mydemo/views/index.ejs
create : mydemo/views/error.ejs
create : mydemo/bin
create : mydemo/bin/www

install dependencies:
$ cd mydemo && npm install

run the app:
$ DEBUG=mydemo:* npm start
```

5.3.2 引入工程的依赖包

进入到所创建的工程路径，输入命令：

```
cd mydemo && npm install
```

终端窗口执行过程如下。

```
├─┬ body-parser@1.15.2
│ ├── bytes@2.4.0
│ ├── content-type@1.0.2
│ ├── depd@1.1.0
│ ├─┬ http-errors@1.5.1
│ │ ├── inherits@2.0.3
│ │ ├── setprototypeof@1.0.2
│ │ └── statuses@1.3.1
│ ├── iconv-lite@0.4.13
│ ├─┬ on-finished@2.3.0
│ │ └── ee-first@1.1.1
│ ├── qs@6.2.0
│ ├─┬ raw-body@2.1.7
│ │ └── unpipe@1.0.0
│ └─┬ type-is@1.6.15
│   ├── media-typer@0.3.0
│   └─┬ mime-types@2.1.15
│     └── mime-db@1.27.0
├─┬ cookie-parser@1.4.3
│ ├── cookie@0.3.1
│ └── cookie-signature@1.0.6
├─┬ debug@2.2.0
│ └── ms@0.7.1
├── ejs@2.5.6
├─┬ express@4.14.1
│ ├─┬ accepts@1.3.3
│ │ └── negotiator@0.6.1
│ ├── array-flatten@1.1.1
│ ├── content-disposition@0.5.2
│ ├── encodeurl@1.0.1
│ ├── escape-html@1.0.3
│ ├── etag@1.7.0
│ ├── finalhandler@0.5.1
│ ├── fresh@0.3.0
│ ├── merge-descriptors@1.0.1
│ ├── methods@1.1.2
│ ├── parseurl@1.3.1
│ ├── path-to-regexp@0.1.7
│ ├─┬ proxy-addr@1.1.4
│ │ ├── forwarded@0.1.0
│ │ └── ipaddr.js@1.3.0
│ ├── range-parser@1.2.0
│ ├─┬ send@0.14.2
│ │ ├── destroy@1.0.4
│ │ ├── mime@1.3.4
│ │ └── ms@0.7.2
```

```
|   ├── serve-static@1.11.2
|   ├── utils-merge@1.0.0
|   └── vary@1.1.1
├── morgan@1.7.0
|   ├── basic-auth@1.0.4
|   └── on-headers@1.0.1
└── serve-favicon@2.3.2
    └── ms@0.7.2
```

经过简单的两行命令，一个基于 EJS 模板引擎的 Express 工程就创建成功了。

5.3.3 启动应用

仍然是在工程所在路径下，在终端窗口执行命令：

```
npm start
```

这时候，在浏览器地址栏中输入"http://localhost:3000/"，运行结果如图 5-2 所示。

Express

Welcome to Express

图 5-2　默认创建的 Express 工程运行结果

这里呈现的 Express 页面就是 index.html，它是由视图（index.ejs）和路由控制器（index.js）相互作用的结果。

视图（View）文件 index.ejs 的代码如下。

```
<!DOCTYPE html>
<html>
    <head>
        <title><%= title %></title>
        <link rel='stylesheet' href='/stylesheets/style.css' />
    </head>
    <body>
        <h1><%= title %></h1>
        <p>Welcome to <%= title %></p>
    </body>
</html>
```

路由（Route）文件 index.js 的代码如下。

```
var express = require('express');
var router = express.Router();
```

```
/* GET home page. */
router.get('/', function(req, res, next)
{
    res.render('index', { title: 'Express' });
});

module.exports = router;
```

路由器所渲染的文件，正是 index.ejs。所传入的 JSON 对象，正是{title: 'Express'}。

```
res.render('index', { title: 'Express' });
```

不错，EJS 模板引擎确实是起作用了，因为它已经渲染出了一个 HTML 页面。那么，这个 EJS 模板引擎是在哪里做的设置的呢？

5.3.4　EJS 模板引擎的触发

我们所创建的这个基于 EJS 模板引擎的 Express 工程，绝非是一个简单的 Hello World，它把视图、路由、模板引擎有效地融合在了一起。在整个应用中，其关键作用的是工程中的 app.js 文件，代码如下。

```
var express = require('express');
var path = require('path');
var favicon = require('serve-favicon');
var logger = require('morgan');
var cookieParser = require('cookie-parser');
var bodyParser = require('body-parser');
var app = express();
//view engine setup（设置模板引擎）
app.set('views', path.join(__dirname, 'views'));
app.set('view engine', 'ejs');
```

代码解读

```
app.set('views', path.join(__dirname, 'views'));
```

用来设置视图所存放的目录。这些.ejs 文件，只有放在工程的 views 目录下，才能被正常访问。

```
app.set('view engine', 'ejs');
```

如果想修改模板引擎，就要改动这行代码。如果想把 EJS 改为 Jade，仅把"ejs"替换为"jade"是不够的，还有其他地方需要做相应的改动。

当然，如果想直接用 HTML 文件，而不用 ejs 文件，需要做如下修改。

```
app.set('view engine', 'html');
app.engine('.html',require( 'ejs' ).__express);
```

5.4　小结

　　市面上有这么多模板引擎，各家都说自己的好。模板引擎没有标准，所以才出现了多个门派之争；而浏览器是有标准的，不管哪家模板引擎，其最终目的是经过渲染后生成可被浏览器识别的 HTML 页面。这么看来，不同的模板引擎，它们的编码风格各异，没有高深的算法。

　　在掌握了模板引擎之后，接下来，我们正式进入前端的世界——AngularJS。

第 6 章

AngularJS——Google 前端框架

6.1 AngularJS 概述

在吹响"全端"号角的今天，我们越来越强调前端框架的重要性。在前端的世界，AngularJS 可谓"玉树临风"。在 MEAN 全栈中，Node.js 和 Express 负责后端处理，而与网页交互的正是 AngularJS，因此，可以想象 AngularJS 在本书中所占比重之高。

关于 AngularJS，这里要特别说明一点：本书讲述的 AngularJS，以及示例中所引用的 AngularJS 均为 1.x 版本，具体来说是 1.4.6 版本。AngularJS 最新版本是 2.x。或许读者产生疑问，为何不用 AngularJS 最新的 2.x 版本呢？这是因为 2.x 版本并不是在原有 1.x 版本上的升级，而是一个全新的版本。二者谈不上兼容之说。普遍认为，AngularJS 1.x 版本更成熟、应用更广泛、可参考的资料更多。在项目开发时，选择一个成熟的框架，十分重要！

注：AngularJS 的官方网站为https://www.angularjs.org。

AngularJS 是 MEAN 全栈中的 A。同 MEAN 全栈技术的其他组件一样，AngularJS 也是开源的，AngularJS 最初由 Miško Hevery 和 Adam Abrons 于 2009 年开发，后来成为了 Google 公司的项目。

AngularJS 的官方文档是这样介绍的：AngularJS 是完全使用 JavaScript 编写的客户端技术，同其他悠久的 Web 技术（HTML、CSS、JavaScript）配合使用，使得 Web 应用开发比以往更简单、更快捷。AngularJS 的开发团队将其描述为一种构建动态 Web 应用的结构化框架。

AngularJS 主要用于构建单页面 Web 应用，尤其是对于构建交互式的现代 Web 应用变得更加简单。

AngularJS 有两大特性：单页面应用和双向数据绑定。提到前端开发，离不开 jQuery。

有人会问起：在 AngualrJS 中使用 jQuery 好么？对于这个问题，网上争论较大。之所以出现这样的争论，是因为 AngularJS 能做的，jQuery 都能做。也可以说，AngularJS 是从另外一个角度实现了一个轻量级的 jQuery。

对于 AngularJS 学习者来说，应该做到从零去接受 AngularJS 单页面应用的思想，还有它的双向数据绑定，尽可能使用 AngularJS 自带的 API，还有它的路由、指令、服务等。AngularJS 自带了很多 API，可以完全取代 jQuery 中常用的 API。

如果说 AngularJS 与 jQuery 有什么区别呢？可以这样理解：AngularJS 是一个前端框架，而 jQuery 是一个 JavaScript 库。尽管在 AngularJS 中可以调用 jQuery，但我们还是要尽可能遵循 AngularJS 的设计思想。

在众多的前端框架中，为什么选择 AngularJS 呢？这主要是考虑到以下因素。

作为一款主流的前端框架，AngularJS 是一种典型的 MVC（Model-View-Controller）设计模式，由模型（Model）、视图（View）、控制器（Controller）三部分组成。采用这种方式为合理组织代码提供了方便，减低了代码间的耦合度，功能结构清晰可见。

Model：用来处理数据，包括读取和设置数据，一般指的是操作数据库。Model 定义了应用的数据层，它是独立于用户界面的，在 AngularJS 中，Model 的应用非常简单，可以理解为一个 Model 就是一个 JavaScript 对象。

View：在 Web 应用中，视图就是 HTML 网页，是用来展示 Model 数据的。在 AngularJS 中，数据与模板引擎相结合，再加上 AngularJS 的指令（Directives），从而构建了一个丰富的 HTML 页面。

Controller：控制器是用来操作 Model 中的数据的，在 AngularJS 应用中，控制器是通过 controller()方法来创建 JavaScript 函数的。一个模块里面可能有多个模型和视图，控制器就起到了链接模型和视图的作用。

图 6-1 清晰地说明了各部分之间的关系。

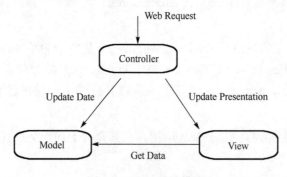

图 6-1　MVC 设计模式

AngularJS 以双向数据绑定而著称，通过 AngularJS 内置的指令（Directive），Model 直接

与 UI 视图绑定，基本上不必关心 Model 与 UI 视图的关系，直接操作 Model，UI 视图会自动更新。

用 AngularJS 写 UI 视图，就是写正常的 HTML/CSS，写逻辑控制代码就是用 JavaScript 操控数据，而不是直接操作 DOM。AngularJS 通过自有的 Directive，实现 DOM 与数据的互动。

双向数据绑定意味着当用户更新视图时，模型会自动更新；类似地，当控制器修改模型时，视图也同样更新，而且这个更新的过程是同步完成的。

6.2　AngularJS 常用指令

6.2.1　AngularJS 指令概述

初次接触任何一种技术框架，首先需要熟悉它的实现理念，对于 AngularJS 来说，也不例外，它有一个基础的概念——指令（Directive）。

AngularJS 有一套完整的、可扩展的、用来帮助 Web 应用开发的指令集，它使得 HTML 可以转变成特定领域的语言，是用来扩展浏览器能力的技术之一。在 DOM 编译期间，与 HTML 相关联的指令会被检查到，并且被执行，这使得指令可以为 DOM 指定行为，或者改变 DOM 的行为。

AngularJS 通过指令的属性来扩展 HTML，它的前缀是 ng-，我们也可以称之为"指令属性"，它就是绑定在 DOM 元素上的函数，可以调用方法、定义行为、绑定 Controller 和$scope 对象，以及操作 DOM 等。

AngularJS 指令指示的是："当关联的 HTML 结构进入到编译阶段时应该执行的操作"。所谓 AngularJS 指令，从本质上讲只是一个当编译器编译到相关 DOM 时需要执行的函数，指令可以写在元素名称里，也可以写在属性、CSS 类名，甚至可以写在 HTML 注释中。

当浏览器启动，开始解析 HTML 时，DOM 元素上的指令属性就会跟其他属性一样被解析，也就是说，当一个 AngularJS 应用启动时，AngularJS 编译器就会遍历 DOM 树来解析 HTML，寻找这些指令属性函数，在一个 DOM 元素上找到一个或多个这样的指令属性函数，它们就会被收集起来并排序，然后按照优先级顺序被执行。

AngularJS 应用的动态特性和响应能力，都要归功于指令属性，常用的指令有 ng-app、ng-init、ng-model、ng-bind、ng-repeat 等。

我们先来介绍下概念，对这几个指令有个初步的认识。在项目开发中，这些指令往往要结合起来使用。

6.2.2　AngualrJS 指令：ng-app

ng-app 指令用来标明一个 AngularJS 应用程序，并通过 AngularJS 完成自动初始化应用和标记应用根作用域，同时载入与指令内容相关的模块，并通过拥有 ng-app 指令的标签为根节点开始编译其中的 DOM。

引用方法很简单，如下所示。

```
<div ng-app="">
</div>
```

通过以上引用，一个 AngularJS 应用程序的初始化就完成了，并标记了作用域。这里的 div 元素就是 AngularJS 应用程序的所有者，在它里面的指令也就会被 Angular 编译器所编译、解析了。

6.2.3　AngularJS 指令：ng-init

ng-init 指令用来初始化应用程序数据，也就是为 AngularJS 应用程序定义初始值，如下所示，我们为应用程序变量 name 赋定初始值。

```
<div ng-app=""  ng-init="name='Hello World'">
</div>
```

我们不仅可以赋值字符串，也可以赋值为数字、数组、对象，而且可以为多个变量赋初始值，如下所示。

```
<div ng-app="" ng-init="quantity=1; price=5">
</div>
<div ng-app="" ng-init="names=['Tom','Jerry','Gaffey']">
</div>
```

6.2.4　AngularJS 表达式

AngularJS 框架的核心功能之一是数据绑定。数据绑定由两个花括号{{ ... }} 组成，可以把数据直接绑定到 HTML 中。花括号内可以是对象、运算符和变量，表达式可以绑定字符串、运算符、对象和数组，这些都可以写在花括号内，如{{表达式}}。

对于前面的示例，我们可以使用表达式来调用初始化的变量值，如下所示。

```
<div ng-app="" ng-init="name='Hello World'">
    {{ name }}
</div>
```

当然，我们还可以使用表达来输出对象、运算符和字符串，如下所示。

```
<div ng-app="" ng-init="names=['Tom','Jerry','Gaffey']">
    名字为：{{ names[0] }}。
</div>
```

6.2.5 AngularJS 指令：ng-model

在 AngularJS 中，只需要使用 ng-model 指令就可以把应用程序数据绑定到 HTML 元素，实现 Model 和 View 的双向绑定，使用 ng-model 指令也可以对数据进行绑定。

ng-model 指令把 HTML 页面中的 <input>、<select> 或 <textarea> 元素的值绑定到作用域模型的值中，当用户改变该元素的值时，该值被自动地在作用域改变；反之亦然，示例如下。

```
<div ng-app="">
    请输入任意值: <input type="text" ng-model="name" />
    你输入的为: {{ name }}
</div>
```

ng-model 把相关处理事件绑定到指定的 HTML 标签上，AngularJS 会自动完成数据的变化和相应的页面展示。

所谓双向绑定，是指既可以从 View 到 Model，也可以从 Model 到 View。

6.2.6 ng-app 与 ng-model 示例

我们先来创建一个 HTML 文件，命名为 ng-case-1.html，编写以下代码。我们迫不及待地想看下用到了 AngularJS 后，效果会有怎样的变化呢？

```
<!DOCTYPE html>
<html ng-app>
<head>
    <title>Hello World in AngularJS</title>
</head>
<body>
  <input ng-model="name"> Hello  {{name}}
  <script src="http://apps.bdimg.com/libs/angular.js/1.4.6/angular.min.js">
                                                      </script>
</body>
</html>
```

这是一段 HTML 代码，要想展示 HTML 的效果，当然需要用到浏览器。在浏览器中打开这个 HTML 文件，运行结果如图 6-2 所示，不管输入框输入什么内容，你会注意到，边输入边显示，这就是 AngularJS 数据与视图绑定的效果。

Hello AngularJS 应用

图 6-2   AngularJS 数据与视图绑字的效果

在这个 HTML 页面中，仅仅用到了 AngularJS 两个内置指令，就实现了单向数据与视图绑定的效果，很神奇吧！我们再来看看 ng-app 与 ng-model 这两个神奇的指令。

ng-app 是用来启用 AngularJS 的指令。在一个 HTML 文件中，ng-app 起始的位置，就是 AngularJS 开始起作用的地方。为了让 AngularJS 在整个 HTML 网页中起作用，通常把它放在 <html>或<body>的位置，如<html ng-app>或<body ng-app>。在刚才的示例中，便是将 ng-app 放在了<html>标签中。在真正的项目开发中，我们会对 ng-app 声明一个 module，后续的章节会用到这一点。默认情况下，ng-app 可以为空，所有才有了<html ng-app>默认方式。按理说，应该给 ng-app 赋值，如<html ng-app='myAPP'>。注意，这里的 ng-app 的赋值 module 名字用的是英文字母的单引号。

ng-model 也是一个最为基础的 AngularJS 内置指令，它的作用是绑定视图元素，常用来绑定的元素有 input、select、checkbox、texteara。通过 ng-model 可以把数据（可以理解为 Model）和视图元素绑定起来，从页面显示效果来看，就是所见即所得。在 input 标签中所输入的数据，通过 ng-model 能实时获取到，通过{{name}}显示出来。

{{name}}，{{ }}注意这对花括号，是两对花括号。至于为什么用两对花括号，我们姑且认为这是 AngularJS 所特有的语法吧。在刚才的示例中，注意以下两行代码。

```
<input ng-model="name">
{{name}}
```

ng-model 的赋值（这里是 name）与花括号中的引用（name）必须一致，如果改动了 ng-model 的赋值，花括号的引用也要发生相应的变化，代码改动如下。

```
<input ng-model="newName">
{{newName}}
```

上面两行代码的结果是一致的。

6.2.7　ng-app 与 ng-model 常见错误分析

1. 漏写 ng-app

通过 AngularJS 框架编写的程序，尽管代码量不是很多，但对初学者来说，经常会遇到各种莫名其妙的问题。例如，某个程序运行结果居然出现了带有花括号的 name，如图 6-3 所示。碰到这种现象，说明 AngularJS 没起作用。

Hello {{name}}

图 6-3　运行结果出现{{name}}

如果 AngularJS 不起作用的话，那么所有的 AngularJS 相关编码，都会当作普通的 HTML 编码来对待。通过代码排查，我们发现，<html ng-app>中的 ng-app 漏掉了，这就变成了一个普通的 HTML 文件，把花括号当成了普通的字符，这就是为什么出现{{name}}的原因。

2．AngularJS 静态库的访问

关于 AngularJS 静态库的引用，我们在 AngularJS 开篇就提过了。如果引用的静态库无法访问，其结果与没有漏写 ng-app 是一样的效果，无非就是 AngularJS 没起作用罢了。我们把刚才的代码示例做个改动，把 AngularJS 资源库的来源设为 AngularJS 的官网。如果你在网络上搜索 AngularJS 的学习资料，所看到的代码大多是这样引用的。

```
<script src="https://ajax.googleapis.com/ajax/libs/angularjs/1.2.25/
                                                angular.min.js">
 </script>
```

修改后的代码如下。

```
<!DOCTYPE html>
<html >
<head>
    <title>Hello World in AngularJS</title>
</head>
<body>
  <input ng-model="name"> Hello {{name}}
  <script src="https://ajax.googleapis.com/ajax/libs/angularjs/1.2.25/
                                                angular.min.js">
  </script>
</body>
</html>
```

这时候，我们再来运行这个 HTML 文件，出现的错误与图 6-3 是一样的。

如果你通过一种网络设置方法，能够访问到 AngularJS 资源库，这个问题就自然消失了。从中可以看出，这个错误与代码本身没有关系，仅仅是网络访问的权限问题。

通过以上几种诊断方法，我们再也不用担心 ng-app 与 ng-model 的使用问题了。

6.2.8　{{ }}的应用

```
<div> {{name}} </div>
```

{{ }}语法是 AngularJS 内置的模板语法，它会在内部$scope 和视图之间创建绑定。基于这个绑定，只要$scope 发生变化，视图就会随之自动更新。

事实上，它也是一种指令，尽管看上去并不像，我们可以把{{ }}理解成 ng-bind 的简略形式。用这种形式，不需要创建新的元素，因此它常被用在行内文本中。

使用{{ }}，简单是简单，但也有问题：HTML 加载含有{{ }}语法的元素后，并不会立刻渲染它们，导致页面加载时未渲染的内容出现闪烁。虽然从功能上讲并无大碍，但用户体验实在不友好，怎么办？这就是 gn-bind 存在的价值。

6.2.9　指令：ng-bind

指令 ng-bind 和 AngularJS 表达式{{ }}有异曲同工之妙，但不同之处在于，ng-bind 是在 AngularJS 解析渲染完成后，才把数据显示出来。

使用 ng-bind 指令绑定应用程序数据的示例如下。

```
<div ng-app="">
```

请输入一个名字：<input type="text" ng-model="name" />

```
Hello <span ng-bind="name"></span>
</div>
```

需要说明的是：当使用{{...}}语法时，因为浏览器需要先加载页面再渲染它，然后 AngularJS 才能把它解析为所期望的内容。通常情况下，如果一个页面的渲染速度较慢，在渲染过程中，就会出现明显的{{ }}符号，出现这种情况时，用户体验很不好。这个时候，就要采用 ng-bind，以避免未被渲染的模板被用户看到。

6.2.10　指令：ng-click

AngularJS 也有自己的 HTML 事件指令，如通过 ng-click 定义一个 AngularJS 单击事件。对于按钮、链接等，我们都可以用 ng-click 指令属性来实现绑定，代码示例如下。

```
<div ng-app="" ng-init="click=false">
<button ng-click="click= !click">隐藏/显示</button>
<div ng-hide="click">
请输入一个名字：<input type="text" ng-model="name" />
Hello <span ng-bind="name"></span>
</div>
</div>
```

说明："ng-hide=true"设置该 HTML 元素为不可见；反之，当"ng-hide=false"时，它所对应的 HTML 元素为可见。

ng-click 指令将 DOM 元素的鼠标单击事件（即 mousedown）绑定到一个方法上，当浏览器在该 DOM 元素上用鼠标触发单击事件时，AngularJS 就会调用相应的方法。

6.3　AngularJS 构建单页面应用

6.3.1　单页面应用的优势

1. 编写更容易维护的代码

很多人经常会抱怨，不同水平的人凑在一起写 JS，到最后项目经常就是一锅粥，同一个

JS 文件里面，各种各样的逻辑都混在一起，要增删一个功能，简直是噩梦。作为一个框架，AngularJS 无疑能大大改善这种状况，使得项目整体的分层明了\职责清晰。

2．关注点分离

关注点分离是 AngularJS 的一大特点。所谓关注点分离，指的是各个逻辑层职责清晰，例如，当你需要修改甚至替换展现层时，无须去关注业务层是怎么实现的。在 AngularJS 中，服务层（Ajax 请求）、业务层（Controller）、展现层（HTML 模板）、交互层（Animation）这些都有对应的基础组件，不同组件职责不同，也很难将本属于 B 组件的职责放到 A 组件上去实现，下面举几个例子。

HTML 及 Controller 需要协同工作，但职责分明。对于视图、交互层面的逻辑，只能放到 HTML 模板中，Controller 只能用于数据初始化，它没有办法去操作 DOM 元素（不用 jQuery 的话）。这一点非常重要，传统的 JS 代码，经常出现这样的情况：JS 里面有大量 DOM 操作的逻辑，同时还有大量数据操作相关的逻辑，这些逻辑耦合到一起，当需要单独重构数据层或者视图层时，都会捉襟见肘，同时，由于代码量的迅速膨胀，维护起来也会很麻烦。

我们无法将后台通信逻辑放到 Controller 中实现，而是要放到 Factory 中。后台通信逻辑，一般要做成公用的。而由于 Controller 之间是不能相互调用的，所以也不可能将后台通信逻辑放到其中一个 Controller，然后其他 Controller 来调用这个 Controller 暴露的接口。唯一的办法，就是将后台通信逻辑放到 Factory 或者 Service 中。

Filter 及 Directive 看似都可以用于数据转换，但实则不同。由于 Filter 只能做数据格式化，不支持引入模板，所以公用的 UI 交互，涉及 DOM 元素或者需要引入 HTML 模板时，也只能通过 Directive 来实现。

综上所述，AngularJS 项目，其展现层、交互层的逻辑都在 HTML 或者指令中；服务层（后台通信）只适合出现在 Factory（Service）中，业务层只能由 Controller 来负责。这样每层的逻辑都是相对独立的，而不是纠结在一起。

如果只是优化展示逻辑，只需改动 HTML 就可以了，不用管 Controller 是怎么写的。在重构视图效果时，只需要重写 HTML 页面；而 Controller、后台通信（Factory）、Filter 基本都不用改，只要改 HTML 就行了。而如果项目是用 jQuery 写的，显然是不可能做到这样的，需要重新为新的 HTML 增加一些可供 jQuery 选择器使用的 class 或 id，然后在 JS 里面绑定事件，根据新的 HTML、CSS 重写新的交互效果，而在 AngularJS 上，与视觉效果相关的，只需改 HTML 就行，用不着改写 JS。

3．AngularJS 减少了代码量

代码臃肿、繁多也是 JS 代码混乱、难组织的原因之一，因此，实现同样的功能，代码量

越少，抽象程度越高，在某种程度上也意味着项目更方便维护。而能减少代码量，也是AngularJS被推崇的一大优点。让我们来看看它是如何减少代码量的。

首先，作为一个大而全的框架，AngularJS提供的诸多特性，使我们可以更专注于业务代码的编写。

其次，AngularJS双向数据绑定的特性，将我们从大量的绑定代码中解放出来。和jQuery对比，AngularJS不用为了选择某个元素，而刻意为HTML加上一些跟样式无关的class、id；不用写一堆从HTML元素中取值、设值的代码；不用在JS代码中绑定事件；不用在JS值发生变化时写代码去更新视图HTML显示的值。双向数据绑定，让我们告别很多简单无趣的绑定事件、绑定值的代码。

第三，Directive、Filter、Factory等，天然就是一个个可以复用的组件，减少了冗余重复代码。一些需要公用的逻辑，如果放在Controller中，会很别扭。把公用逻辑都放到Directive、Filter、Factory中去，这是AngularJS的强调优势所在。

6.3.2 轻松构建单页面应用

有一种说法，AngularJS是为单页面应用（Single Page Application）而生的。不错，我们可以借助AngularJS轻松地构建一个单页面应用。如果你希望构建一个结构清晰、可维护、开发效率高、体验好的单页面应用，AngularJS是一个相当不错的框架。

什么是单页面应用？Single Page Application（简称SPA）指的是一种基于Web的应用或网站，页面永远都是局部更新元素，而不是整个页面刷新。当用户单击某个菜单或按钮时，不会跳转到其他的页面，前端会从后端获取对应页面的数据而不是HTML，之后，在页面中需要更新内容的地方，局部动态刷新，这就是单页面应用的魅力所在。反过来，如果是多页面应用，当用户访问不同的页面时，服务器会直接返回一个HTML，然后浏览器直接将这个HTML页面展示给用户。多页面应用的最大弊端是，用户在操作过程中频繁地跳转页面，用户体验较差。而单页面应用能给用户带来一种更接近客户端的体验，而不是网页的体验。

单页面应用网站，在体验方面，其优点是：做"页面跳转"时，永远都是局部动态刷新，用户不会感觉整个屏幕闪了一下，而是对需要变化的区域做了局部更新。例如，有两个不同的页面，假设页面元素都是一样的，只是元素中的文字内容不一样，采用单页面框架后，当用户跳转到另外一个页面时，会看到整个页面并没有重新渲染，只是文字发生了变化。简单地说，这有点类似使用一个App，永远都是局部发生变化。这种差别看上去是微小的，但用户体验完全不同。你见过哪个App，当单击不同的功能视图时，整个屏幕会白屏闪一下的么？整个屏幕的加载，用户会感觉到一切从头开始，而且还有一个明显的等待过程，用户体验会很不好。

功能切换时，用户体验快速流畅，之所以流畅，有两个原因：

（1）页面都是局部刷新，从用户感官来说，感觉不到页面在变化。

（2）前端与服务器的交互，都是通过数据，而不是页面模板进行的，请求量更少；而传统的网站，在访问不同的页面时，服务器返回的是 HTML，体积很大，而且还需要一直重复加载 JS、CSS 文件。

当网站是单页面应用时，可以更好地使用一些全局类的交互，即便在页面切换时，有些元素可以一直保持不变。例如，如果要上传一个较大的文件，我们希望一直显示文件上传的进度。如果是单页面应用，当用户单击其他区域时，这个上传的进度条不会消失，会一直存在，并且实时更新进度；如果是多页面应用，用户则会困惑，担心自己跳转到其他页面后，这个进度条会消失。

6.3.3　单页面应用的实现

既然说 AngularJS 的强大之处在于它是一个单页面应用的前端框架，那么，我们就来看一个单页面应用的示例。先介绍一下应用场景，如图 6-4 所示。

图 6-4　首页是一个带有导航栏的页面

当单击不同的按钮（Home、About、Contact）时，内容有相应的变化，例如，单击"Home"按钮时显示 Home Page，单击"About"按钮时显示 About Page，单击"Contact"按钮时则显示 Contact Page。

为了实现以上效果，传统的做法是：先创建四个 HMTL 文件：index.html、home.html、about.html 和 contact.html，再通过<a>标签实现跳转，这种实现方法冗余代码非常之多。我们说，单页面应用的玄妙之处在于局部区域刷新，而不是整个页面刷新。如何通过单页面应用实现以上效果呢？

AngularJS 是通过路由（Route）来实现单页面应用的。通俗地讲，所谓路由就是告诉你一个通往某个特定页面的途径。从某种意义上说，单页面应用实现的是一种"伪页面切换"。就图 6-4 所示的示例来讲，路由的过程如图 6-5 所示。

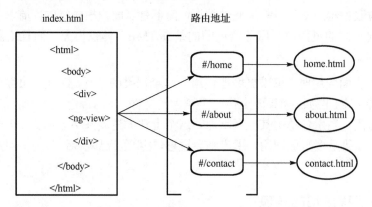

图 6-5　单页面应用的路由原理图

AngularJS 单页面应用的页面切换原理如下。

● 使用 JavaScript 解析当前的页面地址，JavaScript 文件必不可少。

● 找到指定的路由地址所对应的真正的页面名称。

● 发起请求，读取目标页面的内容，加载到当前页面指定位置。

1．实现伪页面切换效果

AngularJS 中的路由模块用于实现 SPA 应用中的"伪页面切换效果"，具体步骤如下。

（1）在 index.html 中引入 angular.js 和 angular-route.js。

（2）在 index.html 页面中声明一个带有 ng-view 指令的 div 容器。

```
<div ng-view></div>
```

（3）创建一个模块，所创建的模块要依赖于 ngRoute。比如：

```
var myApp = angular.module('myApp', ['ngRoute']);
```

（4）配置路由地址的映射信息。

```
.config( function( $routeProvider )
{
    $routeProvider.when( '/路由地址',
    {
        templateUrl: '伪页面地址'
        controller : '控制器名称'
    })
})
```

（5）测试：地址栏中输入"http://localhost:3000/index.html#/"路由地址。

2．单页面实现代码分析

清楚了 AngularJS 单页面应用的原理，接下来我们再看看具体的实现代码。

第一步：构建所需要的 HTML 页面。

```
//index.html--------------------
<!DOCTYPE html>
<!-- define angular app -->
<html ng-app="myApp">
<head>
<script type="text/javascript" src="http://cdnjs.cloudflare.com/ajax/libs/
                                jquery/2.0.3/jquery.min.js"></script>
<script type="text/javascript" src="http://netdna.bootstrapcdn.com/bootstrap/
                                3.3.4/js/bootstrap.min.js"></script>
<link href="http://cdnjs.cloudflare.com/ajax/libs/font-awesome/4.3.0
                /css/font-awesome.min.css" rel="stylesheet" type="text/css">
<link href="http://pingendo.github.io/pingendo-bootstrap/themes/default/
                        bootstrap.css" rel="stylesheet" type="text/css">
<script src="http://cdn.static.runoob.com/libs/angular.js/1.4.6/
                                        angular.min.js"></script>
<script src="https://apps.bdimg.com/libs/angular-route/1.3.13/
                                        angular-route.js"></script>
<script src="myapp.js"></script>
</head>
<body>
  <nav class="navbar navbar-default">
    <div class="container">
      <div class="navbar-header">
        <a class="navbar-brand" href="/">Angular Routing Example</a>
      </div>
      <ul class="nav navbar-nav navbar-right">
        <li><a href="#/"><i class="fa fa-home"></i> Home</a></li>
        <li><a href="#about"><i class="fa fa-shield"></i> About</a></li>
        <li><a href="#contact"><i class="fa fa-comment"></i> Contact</a></li>
      </ul>
    </div>
  </nav>
  <div id="main">
    <!-- angular templating -->
    <!-- this is where content will be injected -->
    <div ng-view></div>
  </div>
    <footer class="text-center">
    <p>Single Page Application</p>
    </footer>
</body>
```

```
</html>

//home.html ------------------------------
<div class="jumbotron text-center">
    <h1>Home Page</h1>
    <p>{{ message }}</p>
</div>

//about.html ------------------------------
<div class="jumbotron text-center">
    <h1>About Page</h1>
    <p>{{ message }}</p>
</div>

//contact.html ------------------------------
<div class="jumbotron text-center">
    <h1>Contact Page</h1>
    <p>{{ message }}</p>
</div>
```

第二步：构建路由。创建一个 myapp.js 文件，用来处理路由和控制器，代码如下。

```
//myapp.js
//create the module and name myApp
var myApp = angular.module('myApp', ['ngRoute']);
//configure our routes
myApp.config(function($routeProvider) {
    $routeProvider
    //route for the home page
    .when('/', {
        templateUrl : '/home.html',
        controller  : 'mainController'
    })
    //route for the about page
    .when('/about', {
        templateUrl : '/about.html',
        controller  : 'aboutController'
    })
    //route for the contact page
    .when('/contact', {
        templateUrl : '/contact.html',
        controller  : 'contactController'
    });
});
//create the controller and inject Angular's $scope
myApp.controller('mainController', function($scope)
{
```

```
    //create a message to display in our view
    $scope.message = 'Everyone come and see how good I look!';
});
myApp.controller('aboutController', function($scope)
{
    $scope.message = 'Look! I am an about page.';
});
myApp.controller('contactController', function($scope)
{
    $scope.message = 'Contact us! JK. This is just a demo.';
});
```

第三步：创建一个服务，代码如下。

```
//server.js
var express = require('express');
var app = express();
var path = require('path');
app.use(express.static(path.join(__dirname, 'public')));
app.get('/', function(req, res, next)
{
    res.sendfile(__dirname + '/index.html')
})
var server = require('http').createServer(app);
server.listen(3000);
console.log('connect suceess, port at 3000')
```

至此，在 Shell 终端窗口运行 node server.js，正常的话，就会出现以上单页面应用的效果。

 知识点：

关于 href 的应用。在单页面应用中，经常看到 href 这样的用法：

```
<a href="#about">
```

href 是一个超级链接，用于单页面应用的各个页面之间的跳转。需要注意的是，我们使用 #号来确保页面不会重载；从请求路径来看，#号表示请求的路径相当于当前页面。AngularJS 会监控 URL 的变化。

6.4　AngularJS 的加载

6.4.1　AngularJS 的引用

AngularJS 仅仅是一个 JavaScript 库，不是可执行的文件，无须安装，直接引用就可以了。既然 AngularJS 是一个 JS 库，我们要通过<script>标签来引用它。例如：

```
<script src="//ajax.googleapis.com/ajax/libs/angularjs/1.2.23/angular.min.js">
</script>
```

我们引入的是 AngularJS 的 URL，通常一个 URL 前面会有一个 HTTP 或 HTTPS 的协议标识，更多时候是带有协议标识的引用，如下。

```
<script src="https://ajax.googleapis.com/ajax/libs/angularjs/1.2.25/
                                               angular.min.js">
</script>
```

不加协议标识，反倒更加方便。这由浏览器自行决定是加载 HTTP 还是加载 HTTPS，从而避免了兼容问题。

6.4.2　加载 AngularJS 静态资源库

要想创建 AngularJS 应用，必须引入 AngularJS 静态资源库。最简单引入方式就是引入 AngularJS 的官方 URL。例如：

```
< script src="//ajax.googleapis.com/ajax/libs/angularjs/1.2.23/angular.min.js">
</script>
```

考虑到网络条件，也可以选用来自百度的静态资源公共库，如"http://cdn.code.baidu.com"，在这里可以找到 AngularJS 所有版本的模块，如图 6-6 所示。

angular-route	http://apps.bdimg.com/libs/angular-route/1.3.13/angular-route.js
angular-translate	http://apps.bdimg.com/libs/angular-translate/2.7.2/angular-translate.js
angular-ui-router	http://apps.bdimg.com/libs/angular-ui-router/0.2.15/angular-ui-router.js
angular.js	http://apps.bdimg.com/libs/angular.js/1.4.6/angular.min.js

图 6-6　通过百度 CDN 获取到的静态资源库

既然 AngularJS 是一个库文件，那么这个库文件可以来自网络，也可以直接放到本地的工程中。当放到本地工程时，要注意路径，放的位置不一样，引用的路径也不一样。

6.5　AngularJS 的注入

6.5.1　依赖注入

对初学者来说，模仿写一段代码并不难，但如果想要理解代码背后的设计模式，并不是一件简单的事。这里谈到的依赖注入（Dependency Injection）就是一种抽象的设计模式，理解起来有些困难。

在众多的服务器开发语言中，都会用到依赖注入这种设计模式。一旦理解了依赖注入的基础知识，将有助于理解整个 AngularJS 框架。

AngularJS 依赖注入的思想是：定义依赖对象并把它动态地注入另一个对象，使得所有的依赖对象所提供的功能都可用。

依赖注入是一种设计模式，它可以去除对依赖关系的硬编码，从而可以在运行时改变甚至移除依赖关系。从功能上看，依赖注入会事先自动查找依赖关系，并将注入目标告知被依赖的资源，这样就可以在目标需要时立即将资源注入进去。在编写依赖于其他对象或库的组件时，我们需要描述组件之间的依赖关系。在运行期间，注入器会创建依赖的实例，并负责将它传递给依赖的消费者。

AngularJS 使用$injetor 来管理依赖关系的查询和实例化，$injetor 是一个注入器服务，它负责实例化 AngularJS 中所有的组件，包括应用的模块、指令和控制器等。当应用运行时，任何模块的启动都会由$injetor 来负责初始化，并将其需要的所有依赖传递进去。例如，下面这段代码是一个简单的应用，声明了一个模块和一个控制器。

```
<script type="text/javascript">
angular.module('myApp', [])
.factory('greeter', function()
{
   return
   {
      greet: function(msg) {alert(msg);}
   }
})

.controller('MyController', function($scope, greeter)
{
   $scope.sayHello = function()
   {
      greeter.greet("Hello!");
   };
});
</script>
```

当 AngluarJS 实例化这个模块时，会查找 greeter 并自然而然地把对它的引用传递过去，这时，需用到 HTML 页面的元素，代码如下。

```
<div ng-app="myApp">
   <div ng-controller="MyController">
   <button ng-click="sayHello()">Hello</button>
```

```
    </div>
</div>
```

接下来，我们把以上 JS 代码和 HTML 代码放到一个文件中，如 index.html，整个文件代码如下。

```
<!DOCTYPE html>
<html>
<head>
    <title> 依赖注入  </title>
    <script src="https://ajax.googleapis.com/ajax/libs/angularjs/1.2.25/angular.
                                                       min.js">
    </script>
</head>
<body>
    <div ng-app="myApp">
        <div ng-controller="MyController">
        <button ng-click="sayHello()">Hello</button>
        </div>
    </div>

<script type="text/javascript">
angular.module('myApp', [])
.factory('greeter', function()
{
    return
    {
        greet: function(msg) {alert(msg);
    }
}})
.controller('MyController', function($scope, greeter)
{
    $scope.sayHello = function()
    {
        greeter.greet("Hello!");
    };
});
</script>
</body>
</html>
```

🗁 代码解读

既然用到了 AngularJS 库，就需要把它加载进来。正常情况下，用浏览器打开这个 index.html 文件，单击 "hello" 按钮后，会弹出一个提示框，如图 6-7 所示。

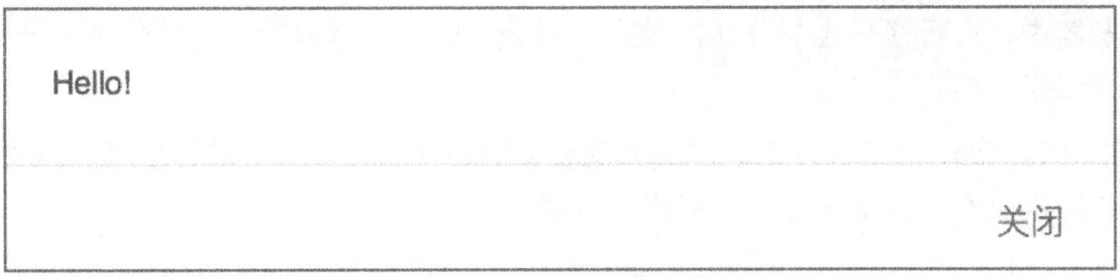

Hello!

关闭

图 6-7　AngularJS 工厂方法的调用

上面的代码中,并没有说明是如何找到 greeter 的,但是它的确能够工作,这是因为$injector 会负责为我们找到并加载它。可以说,在任何一个 AngularJS 的应用中,都有$injector 在进行工作,尽管从表面上看不出来。当编写控制器时,如果没有使用[ ]标记或显式的声明,$injector 就会尝试通过参数名来推断依赖关系。

尽管$injector 的表现非常智能,但我们并不想让$injector 对依赖关系进行推测,这种推测方式从结果来看就是一个猜的过程。我们更希望通过一种显式的方式声明一个注入,这就是我们最常用的行内注入声明方式。

6.5.2　依赖注入的行内声明

在定义一个 AngularJS 对象时,行内声明的方式允许我们直接传入一个参数数组,而不单单是一个函数。数组的元素是字符串,它们代表的是可以被注入到对象中的依赖的名字。数组中的最后一个参数是函数,而这个函数就是依赖注入的目标函数对象本身。

按照行内注入声明的方式,我们对以上代码中的控制器进行改写,代码如下。

```
<script type="text/javascript">
angular.module('myApp', [])
.factory('greeter', function()
{
    return
    {
        greet: function(msg) {alert(msg);
    }
}})
.controller('MyController', ['$scope', 'greeter', function($scope, greeter)
{
    $scope.sayHello = function()
    {
        greeter.greet("Hello!");
    }
}
]);
</script>
```

在浏览器中，重新打开这个 HTML 文件，单击"hello"按钮后，同样会弹出一个提示框，这说明运行结果一样。

通过这几行代码，对依赖注入理解起来就变得容易了很多，这里需要注意的是依赖的关系是由一个数组构成的，数组中的每个依赖都是字符串。

```
controller('MyController', ['$scope', 'greeter', function($scope, greeter) {…}
```

还要注意的是，参数的引用顺序必须保持一致。下面这种写法会报错，因为$scope 与 greeter的引用顺序不一致。

```
controller('MyController', ['$scope', 'greeter', function(greeter, $scope)
{…}
```

再来总结下，AngularJS 提供了多种依赖注入的方法，可以通过$injector 这种较为抽象的类似构造函数的方法，也可以通过一种更为优雅的方法来注入依赖，例如：

```
[providerA, providerB, … , function( ObjectA, ObjectB, … ) {} ];
```

AngularJS 为构建服务提供了一些具体的创建方法，并通过以下方法公开它们，常用的方法有：

```
value(name, object);
```

这是所有提供器中最基础的，object 参数被简单地分配到 name，所以在注入器中 name 值和 object 值之间有直接的关系。

```
factory(name, factoryFunction);
```

该方法通过 factoryFunction 参数来构建一个对象，这个对象可以作为服务提供器注入其他对象中。

```
service(name,serviceFactory);
```

该方法添加了更加面向对象的方法来实现提供器对象的概念，许多 AngularJS 内置功能都是通过服务提供器被调用的。

AngularJS 提供了一个相当强大的依赖注入模式，让你能够定义服务提供器的不同类型。在前面的实例中，我们通过 factory 定义了一个对象，代码如下。

```
.factory('greeter', function()
{
    return
    {
        greet: function(msg) {alert(msg);}
    }
})
```

可以说，依赖注入解决了全局定义的缺陷，它使得代码更加模块化、更易于维护。

6.6　AngularJS 的 Module

6.6.1　AngularJS Module 概述

AngularJS 中有一个极为重要的模块，它就是模块类（Module），Module 负责定义应用程序如何启动，那么，AngularJS 程序的入口在哪里呢？

如果你学过 C 或 Java 语言，你可能很想知道 AngularJS 里面的 main 函数在哪里？这个把所有东西启动起来，并且第一个被执行的方法在哪里呢？事实上，AngularJS 并没有 main 方法，AngularJS 使用模块的概念代替 main 方法。AngularJS 通过模块声明的方式来描述应用中的依赖关系，以及如何进行组装和启动。AngularJS 使用模块主要是出于以下原因。

（1）模块是声明式的，这意味着其代码编写起来更加容易，同时也更容易理解。

（2）它是模块化的，这就迫使你去思考如何定义模块和依赖的关系，让它们变得更加清晰。

（3）它让测试更加容易，在进行单元测试时，可以有选择地加入模块；在场景测试中，还可以加载其他额外的模块，以便与其他模块配合使用。

例如，在应用中有个叫"MyApp"的模块。在 HTML 里面，可以把以下内容添加到<html>标签中，当然还可以添加到任何其他标签中，如<body>、<div>、<span>等。

```
<html ng-app ='MyApp'>
```

ng-app 指令用来告诉 AngularJS 使用 MyApp 模块来启动这个应用。那么，应该如何定义这个模块呢？通常我们会为 Service（服务）、Directive（指令）、Filter（过滤器）分别定义不同的模块，然后，应用中的主模块可以声明依赖这些模块。关于依赖注入（Dependency Injection）设计模式，后面章节有详细的介绍。

AngularJS 引入模块的概念后，使得模块管理变得更加容易，因为每个模块都一个完备的代码块，每个模块有且只有一种功能。同时，单元测试可以只加载它们所关注的模块，这样就可以减少初始化的次数，单元测试也变得更专一。

说了这么多，我们来看一下如何声明 moudle 呢。

angular.module('MyApp',[...])会创建一个新的 AngularJS 模块，然后把中括号[...]中的依赖加载进来。因为模块的加载和初始化只需要一次下面的代码，所以，对于以下代码，需要保证在整个应用中只会使用一次。

```
angular.module('MyApp',[...])
```

通常的做法是，把模块的引用存到一个变量中，然后在整个应用中通过这个变量来引用这个模块。例如：

```
var app = angular.module('MyApp', ['ngRoute']);
app.config(['$routeProvider', function($routeProvider)
{
    ……
}]);

app.controller('HomeCtrl', ['$scope', '$resource', function($scope, $resource)
{
    ……
}]);
```

这里要注意 angular.module('MyApp',[...])与 angular.module('MyApp')的区别。从表面上看，一个带参数，一个不带参数；但二者的用法存在很大的差异：前者用来创建一个模块（Module），后者用来引用一个模块（Module）。如果想在其他模块中引用"MyApp"这个模块，就要通过 angular.module('MyApp')这种方法。

一图胜千言语，图 6-8 清晰地勾画出了整个 Module 的设计模式。

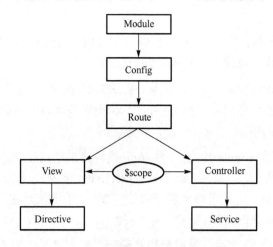

图 6-8　AngularJS Module 的设计模式

创建一个 Module 时，要对它进行配置，配置它的路由（Route）、视图（View）和控制器（Controller）；而$scope 是 View 与 Controller 交互的桥梁。按照 AngularJS 官方的说法：$scope acts as a glue between controller and view。$scope（作用域）是视图与控制器之间的"胶水"，AngularJS 的核心功能——双向数据绑定，正是通过$scope 来实现的。

6.6.2　AngularJS 的 Module 应用

Module（模块）并不是 AngularJS 所特有的功能，应该说，整个 Node.js 开发都是以 Module 为基础的。在开发一个复杂的应用时，需要把各个功能拆分成模块，然后封装到不同的文件中，需要的时候再引用该文件。可以说，几乎所有的编程语言都有自己的模块组织方式。

在 Node.js 中，Module 与文件是一一对应的，也就是说，一个 Node.js 文件就是一个模块。文件内容可能是我们封装好的一些 JavaScript 方法、JSON 对象等。有了模块的概念后，模块中的对象和方法就可以被其他文件调用，从而增加了对象的可复用性。

举个例子，通过 Module 的使用来重写控制器，改造这个实例的代码如下。

```
<!DOCTYPE html>
<html ng-app='myApp'>
<head>
    <title>Hello World in AngularJS</title>
    <script src="http://apps.bdimg.com/libs/angular.js/1.2.6/angular.min.js">
    </script>
</head>
<body ng-controller="TodoController">
    <p>全栈开发技术</p>
    <ul>
        <li ng-repeat="todo in todos">
        <input type="checkbox" ng-model="todo.completed">
        {{ todo.name }}
        </li>
    </ul>
    <script>
    angular.module('myApp', [])
    .controller('TodoController', ['$scope', function($scope){
        $scope.todos = [
            { name: '掌握 HTML/CSS/Javascript', completed: true },
            { name: '学习 AngularJS', completed: false },
            { name: '熟悉 NodeJS ', completed: true },
            { name: '接触 ExpressJS', completed: false },
            { name: '搭建 MongoDB database', completed: false },
        ]
    }]);
</script>
</body>
</html>
```

注意 "<html ng-app='myApp'>" 这行代码，ng-app 的名称为 myApp。这个 myApp 定义在一个 Module 中。

```
angular.module('myApp',[])
.controller('TodoController', ['$scope', function($scope){  }]);
```

Module 的名称与 Module 的引用需保持一致。既然定义的 Moudle 是 myApp，所以在引用这个 Module 时，也要用 ng-app='myApp'。

用了 Module，会带来很多便利。从本质上讲，Module 就是一个依赖，在任何用到它的地方，都可以加载这个依赖。

关于 Module 的概念，以下两种写法是不一样的。

```
angular.module('myApp', [])
angular.module('myApp',)
```

带有[ ]参数的方法，是在创建一个名称为 myApp 的 Module；而不带[ ]参数的方法，是在引用一个名为 myApp 的 Module。第一个是创建 Module，第二个是引用 Module。

6.7 AngularJS 控制器

6.7.1 控制器命名方法

所谓代码规范，就是一种编程风格的约定，项目组的所有开发人员都必须遵守这个约定。这样一来，阅读其他人的代码，就不会那么吃力。

具体来说，如何给控制器命个名呢?常见的有两种方法。

（1）将控制器命名为[Name]Controller，这是一种优雅的控制器命名方法，控制器的首字母要大写。例如：

```
function FirstController($scope)
{
    $scope.message = "hello";
}
```

（2）将控制器命名为[Name]Ctrl，将 Controller 简写为 Ctrl。例如：

```
function FirstCtrl($scope)
{
    $scope.message = "hello";
}
```

注意到，控制器的首字母要大写，一看就知道是一个控制器函数。

6.7.2 AngularJS 控制器的创建

创建一个控制器方法：首先创建一个模块，然后在模块中创建一个控制器；当然，也可以创建多个控制器。例如：

```
var myApp = angular.module('myApp', []);
myApp.controller('FirstController', function($scope)
{
    $scope.message = "hello ";
});
```

我们首先创建一个模块，也可以说创建和声明一个 Module。需要注意一点，这里的 Module 与 mongoose 章节中提到的 Model 是两个概念。这里的 Module 是指一个模块，而 mongoose 中的 Model 指的是一个数据模型。

接下来看看 Module 的创建方式，通过以下代码来创建一个 Module。

```
angular.module('myApp', []);
```

这里所引用的 angular 是一个全局对象，也就是说，在任何地方都可以引用 angular 这个对象，这里要特别注意 Module 里面的参数。有时还会看到另一种声明方法：

```
angular.module('myApp');
```

这是在引用 Module（名字是 myApp），而不是创建 Module。

6.7.3　AngularJS 控制器的应用

AngularJS Controller，顾名思义就是控制器的意思。AngularJS 官方是这么说的：一个控制器是一个 JavaScript 构造函数，用来操作 AngularJS 的$scope 对象。

Controller 与$scope 是一对互为操作的对象。简单来说，AngularJS 会为每个 Controller 设定一个活动范围。在 Controller 所属范围内，会有一个本环境的$scope 对象，$scope 对象上的所有值都可以在对应此控制器的模板范围内访问。

Controller 可以做两件事情：

● 设置$scope 对象的初始属性；
● 设置$scope 对象的函数和方法。

通俗来讲，Controller 是用来设置$scope 对象的属性和方法的，为了强化 Controller 概念，看看下面的例子。

```
<!DOCTYPE html>
<html ng-app>
<head>
    <title>Hello World in AngularJS</title>
    <script src="http://apps.bdimg.com/libs/angular.js/1.2.6/angular.min.js">
    </script>
</head>
<body ng-controller="TodoController">
    <p>全栈开发技术</p>
        <ul>
        <li ng-repeat="todo in todos">
            <input type="checkbox" ng-model="todo.completed">
            {{ todo.name }}
        </li>
    </ul>
```

```
    <script>
        function TodoController($scope)
        {
            $scope.todos = [
            { name: '掌握 HTML/CSS/Javascript', completed: true },
            { name: '学习 AngularJS', completed: false },
            { name: '熟悉 NodeJS ', completed: true },
            { name: '接触 ExpressJS', completed: false },
            { name: '搭建 MongoDB database', completed: false },
            ]
        }
    </script>
</body>
</html>
```

在浏览器中打开所创建的 HTML 文件，显示结果如图 6-9 所示。

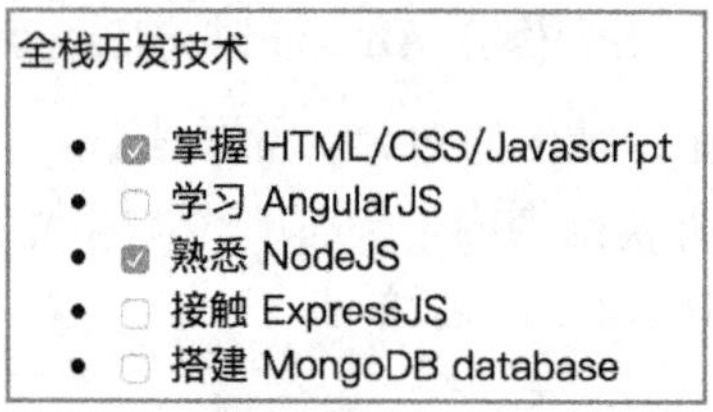

全栈开发技术
- ☑ 掌握 HTML/CSS/Javascript
- ☐ 学习 AngularJS
- ☑ 熟悉 NodeJS
- ☐ 接触 ExpressJS
- ☐ 搭建 MongoDB database

图 6-9　通过$scope 初始化一个数组

在这个实例中，我们用到了三个指令：ng-controller、ng-repeat 和$scope。

ng-controller 是一个控制器指令，在 HTML 标签内声明，比如，<body ng-controller = 'MyController'>。ng-controller 对应的是一个函数，而这个函数是通过 JavaScript 代码编写的。如果将 JavaScript 代码内嵌到 HTML 网页的话，应该为 JS 代码加上<script>标签。

ng-controller 的运行原理是，在每次加载 AngularJS 时，都会读取 ng-controller 指令，并找到 ng-controller 所对应的函数。

我们在前面提到过，$scope 是控制器与视图（网页元素）的桥梁和纽带。在 TodoController 这个函数中，$scope 是控制器函数中的一个参数，在这个控制器方法中，$scope 只有一个对象（todos），它所承载的是一个数组，数组中的元素是对象。

从字面上不难理解，ng-repeat 就是"重复"显示数组中的对象。具体到这个实例，就是遍历$scope.todos 数组中的每一个对象，并显示在网页上。

ng-model，在 input 标签上，有这么一行代码：

```
<input type="checkbox"ng-model="todo.completed">
```

todo.completed 是一个 BOOL 类型的变量，只有两个值：true 和 false。当为 true 时，checkbox（复选框）被选中；为 false 时，不会被选中。

顺便提下，TodoController($scope)是函数声明方式，而不是函数表达式。

6.8　AngularJS 的数据绑定

AngularJS 的重要特性之一是双向数据绑定（Two-Way Data Binding），这里强调的是"双向"。既然有双向，自然会想到"单向"。为了更好地理解双向数据绑定，我们先来了解下传统的单向数据绑定（One-Way Data Binding）是怎样的？

还以 Node.js、Express 和 MongoDB 为应用场景来举例：先是在服务器端，Node.js 从 MongoDB 中读取数据；Express 再用模板（Template）和数据渲染在一起，并形成 HTML 页面；最后服务器再把这个 HTML 文件发给客户端（浏览器），供客户端展示。这个过程如图 6-10 所示。

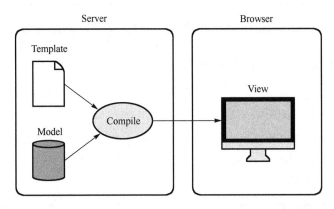

图 6-10　单项数据绑定模式，模板与数据在服务器端完成渲染后发送给浏览器

这种单向数据绑定的模式，主要用在以数据库为驱动的网站，它的大部分工作是在服务器端完成的，浏览器只是用来渲染 HTML 页面和一些简单的 JavaScript 交互。

相比单向数据绑定，双向数据绑定的处理就不同了。首先，模板（Template）和数据由服务器单独分发给浏览器，浏览器自身将模板构建成视图（View），把数据构建成模型（Model）。这样一来，视图是在浏览器端实时创建的，而且视图与模型绑定在一起。如果模型中的数据发生变化，视图也会实时地随之改变；反过来，当视图发生变化时（如用户输入了文字），模型中的数据也会随之而变。这就是所谓的双向数据绑定，其原理如图 6-11 所示。

AngularJS 的数据绑定（Data Binding）用来同步数据与 HTML 的视图元素，因为这个同步是实时的，而且是自动完成的，所以，不用担心数据的来源和视图的更新。任何时候，只要 HTML 页面元素发生了变化，它所对应的 Model 数据都会自动更新；反之，只要 Model 数据发生了变化，它所对应的 HTML 视图元素也会随之而变。这个联动的变化，就是 AngularJS 的双向数据绑定。

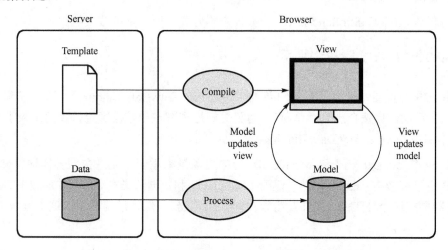

图 6-11　双向数据绑定模式，视图与模型在浏览器端完成渲染

AngularJS 的数据绑定，离不开$scope 的应用。

6.9　$scope 用法

$scope 的字面意思是"作用域"，它是 AngularJS 的一个对象，其应用非常灵活，可以在$scope 上声明任何类型的数据；$scope 不仅仅支持任何数据类型，还可以为$scope 声明对象，并且在 HTML 的视图元素上展示对象的属性。

$scope 包含了渲染视图时所需的功能和数据，它是所有视图的唯一数据源头。我们可以把$scope 理解成视图模型（View Model）。

AngualrJS 是一个典型的 MVC 前端框架，这个框架很好地解决了 Model-View-Controller 三者之间的关系。$scope 是 Controller 与 View 的桥梁和纽带，说得更具体点，Controller 就是用 JavaScript 编写的代码，而 View 就是 HTML 页面上元素或标签，如<input>。

既然$scope 是一个对象，对象都有属性和方法，那么$scope 也不例外，它不仅可以绑定属性，也可以绑定对象的方法。

例如，在 Controller 上声明一个对象 person，再为 person 对象声明一个属性，属性名为 name，代码如下：

```
function MyController($scope)
{
    $scope.person =
```

```
    {
        name: "张三"
    }
};
```

以下是完整的代码清单。

```
<!DOCTYPE html>
<html ng-app >
<head>
    <title>Hello World in AngularJS</title>
    <script src="http://apps.bdimg.com/libs/angular.js/1.2.6/angular.min.js">
    </script>
</head>
<body>
    <div ng-controller= 'MyController'>
        <p> person 对象是：{{ person }}</p>
        <p> person 对象的属性 name 是：{{ person.name }}</p>
    </div>
    <script >
    function MyController($scope)
    {
        $scope.person =
        {
            name: "张三"
        }
    };
    </script>
</body>
</html>
```

在拥有 ng-controller='MyController' 标签内，每个元素都可以访问 person 对象，这是因为定义在$scope 上的对象，可以被 HTML 上的标签所访问，我们可以很方便地在 HTML 页面上引用 person 或 person.name。

在浏览器中打开这个 HTML 文件，显示结果如图 6-12 所示。

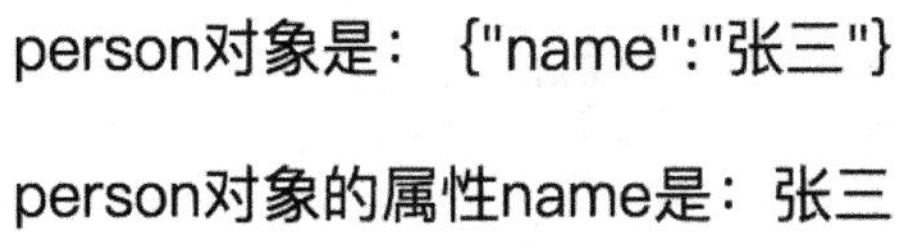

person对象是：{"name":"张三"}

person对象的属性name是：张三

图 6-12　$scope 使用效果

以上这段代码，正如我们所期望看到的，通过$scope对象，实现了从模型（Model）到视图（HTML 元素）的对象传递。

如果是初次接触 AngularJS 代码，不经意间会出现莫名其妙的错误，让人无所适从。不妨模拟一个报错的场景，将 AngularJS 的版本从当前的 1.2.6 改为 1.4.6，代码如下。

```
<script src="http://apps.bdimg.com/libs/angular.js/1.4.6/angular.min.js">
```

此时，在浏览器中打开这个 HTML 文件，结果出现异常，如图 6-13 所示。

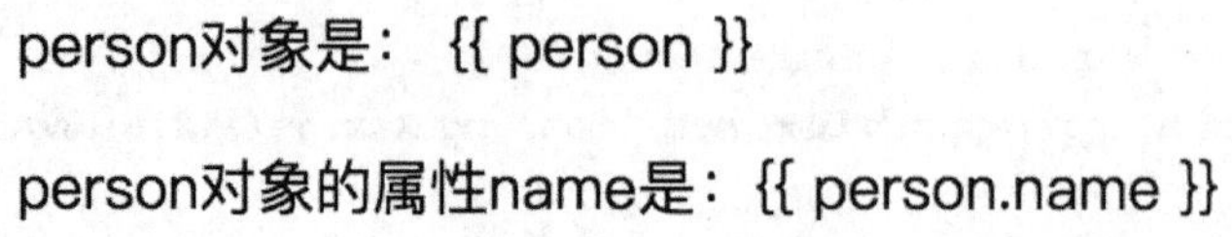

person对象是：{{ person }}

person对象的属性name是：{{ person.name }}

图 6-13 结果异常

一旦出现了花括号{{person}}，这说明 AngularJS 没有起到作用。之所以报错，是因为 AngularJS 的版本造成的。

改动下代码，先创建一个 Module，在 Module 之上，创建一个控制器，代码如下。

```
var app = angular.module('myAPP',[]);  //先创建一个module
app.controller('MyController',function($scope)
{
    $scope.person =
    {
        name:"张三"
    }
}
);
```

如果所引用的 AngularJS 版本是 1.4.6，对应的代码示例如下。

```
<!DOCTYPE html>
<html ng-app ='myAPP'>
<head>
    <title>Hello World in AngularJS</title>
    <script src="http://apps.bdimg.com/libs/angular.js/1.4.6/angular.min.js">
    </script>
</head>
<body>
    <div ng-controller= 'MyController'>
        <h1> person 对象是：{{ person }}</h1>
        <h2>person 对象的属性 name 是：{{ person.name }}</h2>
    </div>
    <script >
        var app = angular.module('myAPP',[]);
```

```
app.controller('MyController',function($scope)
{
    $scope.person =
    {
        name: "张三"
    }
}
);
</script>
</body>
</html>
```

在浏览器中打开这个 HTML 文件，可以看到运行结果正常。

6.10　小结

本章首先讲述了 AngularJS 的两大特性——单页面应用和双向数据绑定，接着讲述了 AngularJS 的常用指令。

AngularJS 开创了一个以"ng-"打头的指令集，它的指令集非常丰富，本章主要讲述了 AngularJS 的常用指令，如 ng-app、ng-model、ng-bind 等。除指令之外，AngularJS 的服务也是一个非常重要的概念，尤其是$scope，需要做到灵活运用。

后端和前端，都已经悉数登场。所有的数据都应该有个存储之地，接下来，我们开始步入强大的数据库世界——MongoDB。

第 7 章

MongoDB——文档数据库

7.1 MongoDB 概述

7.1.1 MongoDB 简介

注：MongoDB 官方网站为 https://www.mongodb.com。

几乎所有的 Web 应用都离不开数据，而持久性数据都存储在数据库中。数据库有两种类型：一种是关系型数据库，如 Oracle、MySQL、SQLServer 等；还有一种是 NoSQL 数据库，MongoDB 便是 NoSQL 数据库中的佼佼者。

NoSQL 是 Not Only SQL 的缩写，它指的是非关系型数据库，是以键值（Key-Value）对形式存在的，即我们所熟悉的 JSON 数据形式。

随着互联网 Web2.0 网站的兴起，在应对超大规模数据量和高并发的动态网站时，传统的关系型数据库显得力不从心，这是因为关系型数据库的结构缺乏灵活性。而 NoSQL 数据库便是为应对这些问题而出现的。

在对数据高并发读写和对海量数据的存储方面，NoSQL 数据库具有明显的的优势。

7.1.2 MongoDB 的历史

MongoDB 的名称取自"humongous"（巨大的）这一词的中间几个字母。由此可见，MongoDB 旨在处理海量数据方面。MongoDB 的名称足见其立意高远，它是一个可扩展、高性能的下一代数据库，使用 C++语言编写，旨在为 Web 应用提供可扩展的高性能数据存储解决方案。

MongoDB 是由 10gen 公司于 2007 年主导开发的，最初是想把 MongoDB 作为 PaaS（Platform as a Service）平台的一个组件来提供服务。该公司随后于 2009 年将 MongoDB 转向了开源开

发模式，而这套数据库也由此成为众多知名网站及服务的后端软件，其中包括 Craigslist、Foursquare、eBay 等知名公司。

源于 MongoDB 的巨大成功，10gen 公司的名字遂改为 MongoDB 公司。一句话概况就是，MongoDB 是一个开源的数据库，由 MongoDB 公司提供维护和运营。

7.1.3　MongoDB 的优势

MongoDB——从名字也能看出来，它也是一种数据库（Data Base）。如果做一个简单的应用，有一个 MySQL 就够了；如果用到复杂的数据库，会想到 Oracle；这么说来，MongoDB 有什么特别的地方呢？

说起 MongoDB 的强大，就要看它的独特之处。

MongoDB 是一个面向文档（Document-Oriented）的数据库，而不是关系型数据库，不采用关系模型主要是为了获得更好的扩展性。与关系型数据库相比，面向文档的数据库不再有"行（Row）"的概念，取而代之的是更为灵活的"文档（Document）"模型。通过在文档中嵌入文档和数组，只需要一条记录就可以表现出复杂的层次关系。MongoDB 的灵活之处表现在，它的文档结构采用的是 JSON 数据格式，文档的键（key）和值（value）不再是固定的类型和大小，由于没有固定的模式，可以根据需要随时添加或删除字段。一句话总结 MongoDB 的优势：当数据层级繁杂，且数据记录规则时，选用 MongoDB 是最好的利器。

7.1.4　MongoDB 的安装

MongoDB 支持 Windows、Mac OS 和 Linux 三个主流的操作系统，可直接从它的官网上下载安装包（http://www.mongodb.org/downloads）。根据操作系统，找到对应的安装包，按照指引一步一步地安装即可。

在安装完成之后，需要验证 MongoDB 安装是否成功。验证的方法为在终端窗口运行：

```
mongod -version
db version v3.4.0
git version: f4240c60f005be757399042dc12f6addbc3170c1
OpenSSL version: OpenSSL 1.0.2j  26 Sep 2016
allocator: system
modules: none
build environment:
    distarch: x86_64
    target_arch: x86_64
```

当出现以上数据库版本（db version v3.4.0）信息时，说明 MongoDB 安装成功了。

7.1.5　启动 MongoDB

如果应用程序要访问数据库，需要另启一个终端窗口，启动 MongoDB 数据库服务。在 Mac OS 下，启动 MongoDB 的服务指令是 sudo mongod。

对于 Mac OS 和 Linux 系统来说，sudo 的意思是用管理员身份启动服务。注意：这里是 sudo mongod，而不是 sudo mongodb。

启动数据库服务，有以下几种方式。

（1）Windows 系统：以管理员身份打开终端窗口，进入到 mongod 所在的文件路径，直接运行 mongod，这是因为 mongod 是一个可执行文件。mongod 在没有参数情况下会使用默认的数据文件，Windows 系统中为 "C:\data\db"。如果这个数据文件不存在或者不可写，数据库启动会失败。因此，在启动 MongoDB 前，先创建数据文件，创建指令是 "mkdir -p /data/dab/"，并确保对该文件有写权限。当然，也可以通过 dbpath 设置新的数据库文件。

（2）Mac OS 系统：相对较简单，通过 sudo（管理员身份）运行 mongod 即可。终止 mongod 的运行，只需在终端窗口按下组合键 Ctrl+C。

7.2　数据库存储机制

按照存储机制的不同，数据库可分为关系型数据库和非关系型数据库（NoSQL 数据库）。

7.2.1　关系型数据库

关系型数据库是建立在关系模型基础上的数据库，关系模型是在 1970 年由 IBM 的研究员 E.F.Codd 博士首先提出的。其实，现实世界中的各种实体及其之间的各种联系均可以用关系模型来表示。因此，在提出之后的几十年中，关系模型的概念得到了充分的发展，并逐渐成为主流数据库结构的主流模型。

关系型数据库即传统的行数据库，以行和列的形式存储数据。这一系列的行、列数据构成了作为数据库基本组成的数据表。表中的每一行数据有一个唯一关键字标识，如果要查询一个条记录的一个属性值，需要先读取整条记录的数据。

与关系型数据库相对应的是 NoSQL 数据库（非关系型数据库）。

7.2.2　NoSQL 数据库

NoSQL 一词最早是由 Carlo Strozzi 在 1998 年提出来，用来表示其开发的一个没有 SQL 功能、轻量级的关系型数据库。在 2009 年年初的一场关于开源分布式数据库的讨论中，Eric Evans 再次提出了 NoSQL 一词，用于指代那些非关系型的、分布式的数据存储系统。非关系型数据库的以上理念使得其不会局限于固定的结构，可以减少一些时间和空间上的开销，从而解决了大规模数据集合、多重数据种类等大数据应用难题。由于 NoSQL 数据库克服了传统关系数据库在海量数据、并发特性、扩展性等方面的不足，在大数据时代得到了迅猛的发展。目前流行的 NoSQL 数据库主要有键值对（Key-Value）存储数据库和文档型数据库。

（1）键值对（Key-Value）存储数据库。这一类数据库基于哈希计算，其数据是按照键值对的形式进行组织、索引和存储的。相比于关系型数据库以二维表的方式组织数据，键值对数据库不涉及数据间的业务关系，由松耦合的键值对组成。这使得键值对数据库能够以较为松散的、去中心化的方式进行集群部署。典型的键值对数据库有 Redis、Apache Accumulo、Berkley DB、Google 的 LevelDB 和亚马逊的 Dynamo。

（2）文档型（Document）数据库。该类型的数据库同上面的键值对存储相类似，除了主键，还可以存在若干辅键，其数据模型是版本化的文档、半结构化的文档，或特定的格式存储，如 JSON。文档型数据库的优点是能够利用文档中不同的域进行较为复杂的关联操作，典型的文档数据库有 CouchDB、MongoDB。

文档型数据库采用了类似键值对的存储格式，从而极大地提高了它的可扩展性。当应用所需要的数据急剧增加时，需要增加数据库服务器来完成数据库的扩容。为了保证数据的完整性，传统的关系型数据库需要针对当前存在的复杂的表结构进行数据迁移，而键值对数据库简洁的数据框架使得数据库的横向扩展非常简单，尤其是使用一致性哈希等数据分割策略，使得需要迁移的数据量大大减少，极大地提升了数据库的可用性，并使得系统性能能够随着数据节点的增加得到接近线性的提升。

7.3　MongoDB 数据结构

MongoDB 不仅功能强大，而且还很容易上手。MongoDB 的所有查询接口都是基于 JavaScript 的，而且支持 JavaScript Shell 操作，对于熟悉 JavaScript 的开发者来说，是最惬意不过的事情了。

说起 MongoDB 的结构，它是由文档和集合构成的。

文档：文档（Document）是 MongoDB 的基本单元，非常类似于关系型数据库中"行"的概念，但它更具表现力；每一个文档都有一个特殊的键"_id"，这个键在文档所属的集合中是唯一的。

集合：集合（Collection）可以看作一个拥有动态模式（Dynamic Schema）的表；MongoDB 自带了一个简单、功能强大的 JavaScript Shell，可以用于管理 MongoDB 的实例或数据操作。

7.3.1　文档

文档是 MongoDB 的核心概念，是键值对的一个有序集，其数据结构就是 JSON 数据格式。

每种编程语言表示 JSON 对象的方法不太一样。例如，安卓开发中的映射（Map），iOS Objective-C 开发中的字典（Dictionary），尽管名称不同，但我们都可以把它理解为 JSON 格式，而且都源于 JavaScript。

在 MongoDB 中，文档对象格式如下。

```
{ "greeting" : "Hello world!" }
```

这个文档只有一个键"greeting"，其对应的值为"Hello world!"。大多数文档会比这个例子复杂得多，通常会包含多个键值对。例如：

```
{ "greeting" : "Hello world!" , "foo": 3}
```

从上面的例子可以看出，文档中的值可以是多种不同的数据类型。文档之所以强大，在于它的内部结构是一个嵌套的关系，文档本身可以作为键的值。使用内嵌文档，可以使数据组织方式更加自然，明显区别于传统的行（Row）记录的概念。

例如，在用户管理中，用一个文档来表示一个人，同时还要保存他的地址，可以将地址信息保存在内嵌的"address"文档中。

```
{
    "name" : "My Name"
    "address":
    {
        "street":  "Street Name ",
        "city"  :  "City Name"
        "state" :  "State Name"
    }
}
```

在上面例子中，"address"的值是一个内嵌文档，这个文档有自己的 street、city 和 state 键，以及对应的值。

文档采用 JSON 数据结构，不仅数据组织灵活，而且还可以根据键（Key）快速地找到它所对应的值（Vaule）。从中可以看出，内嵌文档可以改变处理数据的方式。就拿这段数据来说，如果换成关系型数据库，这个例子中的 address 所对应的文档一般会被拆分为两个表中的两个行。先创建一张 user 表和一张 address 表，再创建它们的主键和外键，把它们关联起来，从而实现两张表之间的联合查询。在 MongoDB 中，就可以直接将 address 文档内嵌到 user 文档中。使用得当的话，内嵌文档会使信息的表示方式更加自然和高效。

7.3.2 集合

在 MongoDB 中，多个文档组成集合，而多个集合组成数据库。可以这么理解，一个数据库就是一个文件。需要注意的是，数据库名是区分大小写的，为简单起见，数据库名应全部小写。

既然数据库由集合构成,那么如何访问指定数据库中的给定的集合呢? 这就要用到命名空间 (Name Space) 的概念。例如, 如果要使用 mydatadb 数据库中的 mycollection 集合, 这个集合的命名空间就是 mydatadb.mycollection。命名空间不宜太长, 在实际应用中, 应小于 100 B。

集合 (Collection) 就是一组文档。如果将 MongoDB 中的一个文档比喻为关系数据库中的一行, 那么一个集合就相当于一张表。

集合是动态模式的, 这意味着一个集合里面的文档可以是各种各样的。如果把各种不同类型的文档放到同一个集合中, 随之而来的一个问题是: 还有必要使用多个集合吗? 这的确是个值得思考的问题。

在一个集合中存放多个类型的文档, 从技术层面讲是可以的, 问题在于: 如果从一个集合中查询多个类型的文档, 速度会很慢; 反过来, 如果将不同类型的文档拆分为不同的集合, 每次只需查询相应的集合就可以了, 这样一来, 查询的速度要快得多。

把同种类型的文档放在一个集合里, 数据会更加集中, 这就要求我们创建一种模式, 把相关类型的文档组织在一起, 尽管 MongoDB 对此没有强制要求。

7.3.3 MongoDB 存储格式——BSON

在数据库中, MongoDB 把文档对象存储成 BSON 格式。BSON (Binary JSON 的简称) 是一种类似 JSON 的二进制存储格式, 它和 JSON 一样, 支持内嵌的文档对象和数组对象。

MongoDB 使用 BSON 这种结构来存储数据, 把这种格式转换成文档 (Document) 的概念。这里的一个 Document 也可以理解成关系数据库中的一条记录, 只是这里的 Document 的变化更丰富些, 如 Document 可以嵌套。

MongoDB 以 BSON 作为其存储结构的一个重要原因是, 遍历 JSON 结构的数据极为简便。

下面举个 BSON 的例子。

```
{
    name:"susan",
    age: "18",
    address:  "beijing"
    scores:  5.0
}
```

这是一个简单的 BSON 结构体, 其中的每一个元素 (Element) 都是由 Key-Value 组成的。

一个嵌套的例子如下。

```
{
    name:"susan",
    age:"18",
```

result115

```
    address:
    {
        city:"beijing",
        country:"china",
        code:100085
    }
    scores:[
        {"name":"English","grade:5.0},
        {"name":"Chinese","grade:5.0}
    ]
}
```

这是一个相对复杂的例子，其中包括了地址对象和分数对象数组，这里使用了嵌套文档对象来表示单个学生的信息。这类嵌套的文档结构，如果要使用关系数据库来实现，其复杂度是可想而知的。

7.4　Mongo Shell

7.4.1　Mongo Shell 简介

前面安装好 MongoDB 之后，默认情况下，同时也自动安装了 Mongo Shell 程序。Mongo Shell 程序简称 mongo，是在终端窗口下运行的命令行。

MongoDB 自带 JavaScript Shell，可以在 Shell 中使用命令与 MongoDB 实例交互。对于 MongoDB 来说，Mongo Shell 是至关重要的工具。接下来，以 Mac OS 系统为例讲述 Mongo Shell 的使用。

7.4.2　运行 Mongo Shell

打开终端窗口，执行 mongo 命令，出现如下的提示。

```
MongoDB shell version v3.4.0
connecting to: mongodb://127.0.0.1:27017
MongoDB server version: 3.4.0
```

从中可以看出，Mongo Shell 的版本是 v3.4.0，默认连接的数据库端口是"mongodb://127.0.0.1:27017"，MongoDB 的服务器版本是 3.4.0。MongoDB 启动后，Shell 将自动连接 MongoDB 服务器。

Shell 是一个功能完备的 JavaScript 解释器，可运行任意的 JavaScript 程序，不过，Shell 的真正强大之处在于，它是一个独立的 MongoDB 客户端。启动时，Shell 会自动连接到

MongoDB 服务器的 test 数据库,并将数据库连接赋值给全局变量 db,而这个 db 才是通过 Shell 访问 MongoDB 的入口。

在终端进入到 Mongo Shell 后,终端窗口会出现一个指令提示符>,在这个提示符下,执行 db 命令。Mongo Shell 的指令很丰富,我们来看下它的主要指令。

(1)查看当前连接的是哪个数据库。通过 db 命令,可以查看当前连接的是哪个数据库,执行命令如下。

```
> db
test
```

(2)查看所有可用的数据库。还可以通过 show dbs 命令查看所有可用的数据库,当然这些数据库都是以前通过程序或数据库工具已经创建好的数据库。

```
> show dbs
admin               0.000GB
contactList         0.000GB
dianshidb           0.000GB
local               0.000GB
test                0.000GB
```

(3)切换不同的数据库。我们知道,默认情况下连接的是 test 数据库,但如果想连接其他的数据库,该怎么办呢?可以通过执行"use+数据库名字"命令,从而达到切换数据库的目的。

例如,我们已经查看到了可用的数据库,如果想切换到 contactList,执行以下命令。

```
> use contactList
switched to db contactList
```

(4)访问数据库集合。通过 db 命令可以访问数据库的集合。例如,通过 db.mycollection,可以访问当前数据库的 mycollection 集合。

```
> db.mycollection
test.mycollection
```

既然可以通过 Shell 访问集合,这意味着几乎所有数据库操作都可以通过 Shell 完成。

7.4.3　Mongo Shell 基本操作

每当谈起数据库操作时,我们会脱口而出,不就是增、删、改、查吗?在 Shell 中操作数据库也离不开这四板斧。在英文中,也有一个对应的朗朗上口的词语——CRUD,即 Create(创建)、Read(读取)、Update(更新)、Delete(删除)。所谓 MongoDB 的 CRUD,就是我们常说的增、删、改、查,具体到每一个操作,都是对 MongoDB 的文档而言的。

7.5　MongoDB 文档操作

7.5.1　创建一个文档

insert 函数可将一个文档添加到集合中，例如，创建一个用户。首先，创建一个名为 user 的对象，这是一个 JavaScript 对象，用于表示我们的文档，它有几个 Key-Value（键值对）。

```
> user= { name:"susan", age:18}
```

这是一个有效的 MongoDB 文档对象，可以调用 insert 方法将其保持到一个集合中。

```
db.users.insert(user)
```

该 user 文档已经保存在了数据库中，如何验证它呢？要查看它，可以调用集合的 find 方法。

```
> db.users.find()
{ "_id" : ObjectId("593418e4b47bbda74ff211e7"), "name" : "susan", "age" : 18 }
```

可以看到，我们曾输入的 user 文档已被完整地保存到数据库中，此外，还有一个额外添加的键"_id"。

7.5.2　查询所有文档

MongoDB 中使用 find 来进行查询，查询就是返回一个集合中满足给定条件的文档，满足条件的文档可能是一个，也可能是多个，也可能为空。find 的第一个参数决定了要返回哪些文档，用于指定查询条件。

空的查询条件（如{}）会匹配集合中的全部内容。如果不指定查询条件，默认为空，例如：

```
> db.users.find()
{ "_id" : ObjectId("58e990fdf2990f248e7794b0"), "username" : "111", "password" : "111", "__v" : 0 }
{ "_id" : ObjectId("593418e4b47bbda74ff211e7"), "name" : "susan", "age" : 18 }
> db.users.find()
```

则批量返回了集合 users 中的所有文档，不仅仅是我们刚才插入的 user 对象。

在查询条件中添加键值对时，就意味着限定了查询条件。对于绝大多数类型来说，这种方式简单明了。查询简单的文档，只要指定想要查找的值即可。例如，想要查找 age 值为 18 的所有文档，直接将这样的键值对写入查询条件即可。

```
> db.users.find({"age": 18 })
{ "_id" : ObjectId("593418e4b47bbda74ff211e7"), "name" : "susan", "age" : 18 }
```

也可以通过匹配字符串来查询，比如查询一个 name 为 susan 的文档，直接将键值对写在查询条件中即可。

```
> db.users.find({"name": "susan" })
{ "_id" : ObjectId("593418e4b47bbda74ff211e7"), "name" : "susan", "age" : 18 }
```

还可以在查询条件中加入多个键值对，将多个查询条件组合在一起。例如，要想查询所有用户名为 susan，且年龄为 18 的用户，可以像下面这样进行。

```
> db.users.find({name:"susan",age:18 })
{ "_id" : ObjectId("593418e4b47bbda74ff211e7"), "name" : "susan", "age" : 18 }
```

7.5.3　查询某一个文档

有时，我们并不需要将文档中所有的键值对都返回。遇到这种情况，可以通过 find（或 findOne）的第二个参数来来指定想要的键。这样一来，既可以节省传输的数据量，又能节省内存的消耗。

例如，如果只对用户集合中的 name 和 age 键感兴趣，可以使用如下查询返回满足条件的文档对象。

```
> db.users.find({ }, {name: "susan", age:18})
{ "_id" : ObjectId("593418e4b47bbda74ff211e7"), "name" : "susan", "age" : 18 }
```

可以看到，默认的"_id"这个键总是被返回，即使没有指定要返回这个键。

既然可以指定获取某个键，自然也可以指定去除哪些键，如去除 age 键，方法很简单。

```
> db.users.find( { }, {age : 0 })
{ "_id" :ObjectId("58e98ebc949de92407c0fe41"),"username" : "1", "password" :
"1", "__v" : 0 }
{ "_id" : ObjectId("593418e4b47bbda74ff211e7"), "name" : "susan" }
```

使用这种方式也可以把"_id"键去除掉，例如：

```
> db.users.find( { }, {name:"susan", "_id":0 })
{ "name" : "susan" }
```

find 和 findOne 方法可以用于查询集合里的文档，如果只想查看一个文档，可以使用 findOne 方法。

```
> db.users.findOne({name:"susan"})
{
    "_id" : ObjectId("593418e4b47bbda74ff211e7"),
    "name" : "susan",
    "age" : 18
}
```

find 和 findOne 在查询文档时可以添加查询条件，这样就可以查询符合一定条件的文档。

7.5.4 文档的更新

文档存入数据库后，可以使用 update 方法来更新它，更新文档的方法是调用 update()。使用 update()方法更新某个文档时，update 至少接收两个参数：第一个是限定条件，用于匹配待更新的文档；第二个是新的文档，用于说明要对找到的文档进行哪些更新。

例如，我们要为某个 user 对象新增一个 Key（address 和 gender），命令如下。

```
> db.users.update ({name: 'susan'}, {$set: {address: ' Street No.1 ', gender:
'female'}} )
WriteResult({ "nMatched" : 1, "nUpserted" : 0, "nModified" : 1 })
```

结果表明，满足更新条件的文档有一个，并且更新成功。我们再来查看下数据库，看看是不是真正被更新了。

```
> db.users.find()
{ "_id" : ObjectId("593418e4b47bbda74ff211e7"), "name" : "susan", "age" : 18,
"address" : " Street No.1 ", "gender" : "female" }
```

的确，正如我们期望的那样，文档实实在在地更新了。需要说明的是，更新操作是不可分割的：若是两个更新同时发生，先到达服务器的先执行，接着执行另一个，所以两个需要同时进行的更新会迅速接连完成。此过程不会破坏文档，而且是最近更新的文档才有效。

7.5.5 文档的删除

如果想删除数据库中的某些数据，该怎么办呢？可以使用 remove 方法。

remove 方法可以接收一个作为限定条件的文档作为参数，给定这个参数后，只有符合条件的文档才被删除。例如，假设要删除 users 集合中名为 susan 的用户。

```
> db.users.remove( { name: "susan" } )
WriteResult({ "nRemoved" : 1 })
```

再来验证下这个文档，看看是不是被删除了。

```
> db.users.find()
{ "_id" : ObjectId("58e98ebc949de92407c0fe41"), "username" : "1", "password" :
"1", "__v" : 0 }
{ "_id" : ObjectId("58e990fdf2990f248e7794b0"), "username" : "111", "password" :
"111", "__v" : 0 }
```

我们注意到，name 为 susan 的文档确实被删除了。删除数据是永久性的，不能撤销，也不能恢复。

通过 remove 方法可将文档从数据库中永久删除，如果没有使用任何参数，它会将集合内的所有文档全部删除。例如：

```
> db.users.remove( { } )
```

```
WriteResult({ "nRemoved" : 2 })
```

这说明，成功删除了两个文档。上述命令会删除 users 集合中的所有文档，但它不会删除集合本身。是不是这样呢？我们再来验证下。

```
> db.users.find()
```

返回的结果为空，说明该集合下的所有文档都已被删除。

7.5.6　删除集合

删除一个指定的文档，通常速度很快；但要删除某个集合中的所有文档，那就得花些时间了。如果要清空整个集合，通过 drop 方法可以直接删除集合本身，这种删除方法速度更快些，代码示意如下。

```
> db.users.drop( )
true
```

当然，这种简单粗暴的删除方法也是有代价的：不能指定任何限定条件，整个集合都被彻底删掉了。通过 show collections 命令，来验证下集合是否还存在。

```
> show collections
  test1
```

它列出了该数据库下还有哪些集合可用。

7.6　_id 和 ObjectId

MongoDB 中存储的文档必须有一个 "_id" 键，这个键的值可以是任何类型，默认的是 ObjectId 对象。在一个集合里面，每个文档都有唯一的 "_id"，确保集合里面每个文档都能被唯一标识。如果有两个集合的话，每个集合都可以有一个 "_id" 的值为 123，但是每个集合里面只能有一个文档的 "_id" 值为 123。

ObjectId：ObjectId 是 "_id" 的默认类型，MongoDB 之所以采用 ObjectId 而不采用自动增加主键的方式，其主要原因是在多个服务器上同步自动增加主键值既费时又费力，因为设计 MongoDB 的初衷就是用作分布式数据库，所以能够在分布式环境中生成唯一的标识符是非常重要的。

自动生成_id：如果插入文档时没有 "_id" 键，系统会自动创建一个。

7.7　MongoDB 管理工具

7.7.1　MongoDB 可视化工具——Robomongo

前面介绍了 MongoDB 的 Shell 工具，在终端窗口可以通过输入命令来操作数据库。用过

MySQL 数据库的都知道，MySQL 是有可视化工具的。如果习惯了可视化的管理数据库的工具，通过输入命令操作数据库，会感觉不太方便。那么 MongoDB 有没有相应的可视化工具呢？这里，就来给大家推荐一款 MongoDB 的可视化工具——Robomongo。

7.7.2 Robomongo 的安装

Robomongo 的下载地址为https://robomongo.org/download，它的安装再简单不过了，有对应的 Windows、Mac OS 和 Linux 版本，可以根据系统选择所需要的安装软件。

Robomongo 的使用方法较为简单，它所起的作用无非是把命令换成了可视化操作。在连接数据库前，需要先启动数据库。还记得启动数据库的指令吧，以管理员身份运行 mongod。

默认情况下，MongoDB 的启动端口是 27017。在 Robomongo 中，可以直接运行脚本，对数据库进行增删改查。这里以 Mac 版 Robomongo 为例，介绍 Robomongo 操作数据库的方法：运行 Robomongo，选择"File→Connect..."，弹出 MongoDB Connections 窗口，如图 7-1 所示。

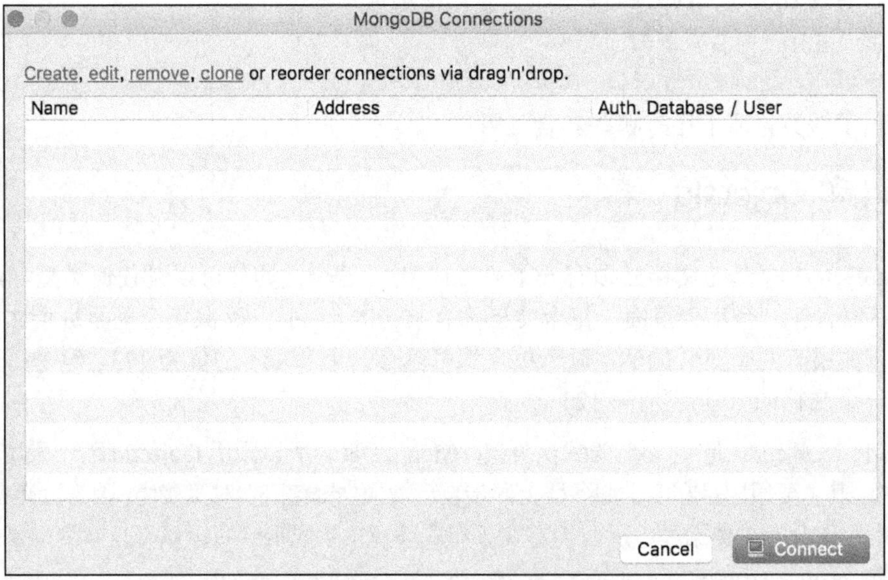

图 7-1　Robomongo 操作窗口

单击"Connect"，连接 MongoDB Server，如图 7-2 所示。

MongoDB 的本地连接地址是 localhost，默认的端口是 27017。这时，测试一下本地数据库能否正常访问，单击"Test"按钮，如果能够正常访问的话，会弹出如图 7-3 所示的窗口。

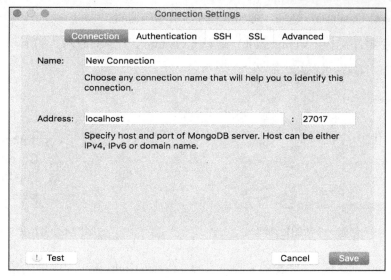

图 7-2　通过 Robomongo 连接数据库

图 7-3　Robomongo 新创建一个数据库连接

保存（Save）当前的设置，返回数据库连接页面。选中新创建的数据库连接（默认名字为 New Connection）并单击鼠标右键，弹出如图 7-4 所示的窗口。

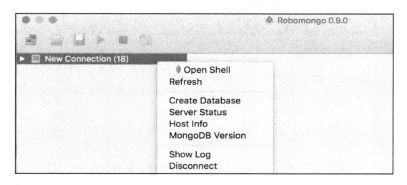

图 7-4　单击鼠标右键 New Connection 出现的选项

选择"Create Database"选项，弹出如图 7-5 所示的窗口。

创建一个数据库文件，如 mytestdb，展开 mytestdb 后的结构如图 7-6 所示。

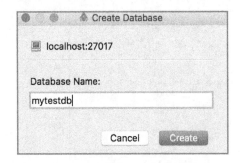

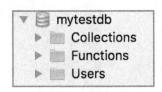

图 7-5　创建一个新的数据库　　　　　　　　图 7-6　数据库的基本属性

右键单击 Collections，在弹出的窗口中选择"Create Collection…"，并创建一个 Collection（如 users）。一个 MongoDB 中的 Collection 就好比关系型数据库中的一张表。

通过可视化工具操作数据库，与终端指令的操作方式极为相似：先是连接数据库，创建数据库文件，创建 Collection，再插入 Document。右键选中所创建好的 Collection（users），并插入 Document。MongoDB 中的 Document 类似于关系型数据库中的一条记录（Record）。

MongoDB 中的 Document 是 JSON 数据格式，把以下 JSON 数据复制到文档插入窗口中。

```
{
    "name"   : "susan",
    "age"    : 18,
    "gender" : "female"
}
```

Document 插入成功后，再单击这个 Collection（users），在右侧窗口中出现以下内容，如图 7-7 所示。

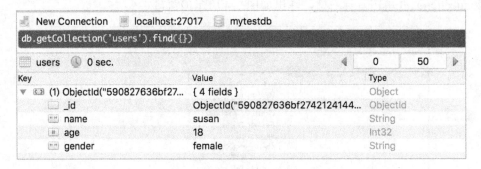

图 7-7　MongoDB 的 Collection 列表

我们注意到，通过 Robomongo 可视化工具插入的 Document 正是我们期望的结果。唯一的区别在于：每一个 Document 在插入后，会自动生成一个 "_id" 键，它所对应的 ObjectId 是由 MongoDB 自动生成的。

在 Robomongo 中，也可以运行类似 SQL 的语句进行增删改查，例如，查找某个 Collection 中的所有 Document，查询方法为：

```
db.getCollection('users').find({})
```

通过可视化工具操作数据库就是这么简单，我们可以很轻松地构建一个模拟数据，即使需要再多的数据，也可以快速完成。

7.8　用 mongoose 操作 MongoDB

7.8.1　mongoose 概述

尽管我们可以通过 Mongo Shell 来操作 MongoDB 数据库，但它只是为终端窗口操作数据库提供了方便，在 Node.js 开发中，为方便操作 MongoDB，Node.js 提供了多种驱动来操作 MongoDB，包含 mongoose、monk、mongoskin、node-mongodb-native 等。这里，我们推荐使用 mongoose。

mongoose 是在 Node.js 环境中操作 MongoDB 数据库的一种便捷的封装，一种对象模型工具。mongoose 将 MongoDB 数据库中的数据转换为 JavaScript 对象，以供在应用层面调用。

使用 mongoose 可以让我们更方便地使用 mongodb 数据库，而不需要写烦琐的业务逻辑。

这里需要弄清楚一个概念，MongoDB 才是真正的数据存储的容器，MongoDB 中存储的数据格式是 BSON，它是一种类 JSON 的二进制文件，直接操作二进制文件并不直观，所以才出现了基于 MongoDB 的封装，这便是 mongoose。mongoose 提供的是类似 JavaScript 的接口，数据格式类似 JSON，通过 mongoose 操作数据库，既简便又快捷。

7.8.2　初识 mongoose

初次接触 mongoose，会遇到以下三个概念：Schema、Model 和 Entity，先来简单介绍一下。

● Schema：一种以文件形式存储的数据库模型框架，不具备操作数据库的能力。
● Model：由 Schema 发布生成的模型，具有抽象的属性和行为，可以直接操作数据库。
● Entity：由 Model 创建的实体，它可以直接操作数据库。

我们需要弄清楚三者的关系，简单来说：Schema 生成 Model，再由 Model 创建 Entity。Model 和 Entity 都可以直接操作数据库，而 Model 比 Entity 更具操作性。尽管有 Entity 的存在，但是很少用到它，有 Model 就够用了。

7.8.3　mongoose 的安装

在使用 mongoose 前，需要安装 Node.js 和 MongoDB。这两个的安装在前面章节已经介绍过，这里不再赘述。安装 mongoose 的方法很简单，可通过命令来安装。打开终端窗口，执行以下命令：

```
npm install mongoose
```

mongoose 安装成功后，就可以通过 "require('mongoose')" 来引入。

7.8.4　mongoose 连接数据库

创建一个 db.js 文件，代码如下。

```
var mongoose = require('mongoose'),
DB_URL = 'mongodb://localhost:27017/mymongoosedb';
mongoose.connect(DB_URL);          //连接数据库

//数据库连接成功
mongoose.connection.on('connected', function ()
{
    console.log('Mongoose connection open to ' + DB_URL);
});

//数据库连接异常
mongoose.connection.on('error',function (err)
{
    console.log('Mongoose connection error: ' + err);
});

//断开数据库的连接
mongoose.connection.on('disconnected', function ()
{
    console.log('Mongoose connection disconnected');
});
module.exports = mongoose;
```

在终端窗口，进入到该工程所在路径，启动 Node 服务，运行命令：

```
node db.js
```

正常情况下，输出结果如下。

```
Mongoose connection open to mongodb://localhost:27017/mymongoosedb
```

从代码中可以看出，在连接 MongoDB 的过程中，监听了几个事件，并且成功地执行了

connected 事件，这表示数据库连接成功。数据库连接成功后，接下来我们通过 mongoose 访问 MongoDB。

7.8.5　Schema

只要用到 mongoose 的地方，一切从 Schema 开始。Schema 是一种数据模式，可以理解为关系型数据库中的表结构的定义。每个 Schema 会映射到 MongoDB 中的一个给定的集合（Collection），Schema 本身并不具备操作数据库的能力，也就是说，通过 Schema 无法对数据库进行增删改查。

我们先来定义一个 Schema，代码如下。

```
//user.js
var mongoose = require('mongoose');
var Schema = mongoose.Schema;
var UserSchema = new Schema(
{
    username : { type: String },
    userpwd: {type: String},
    userage: {type: Number},
    logindate : { type: Date}
});
```

代码解读

```
var mongoose = require('mongoose');
var Schema = mongoose.Schema;
```

mongoose 是一个 Node.js module，通过 require 方法引入 mongoose。

```
var UserSchema = new Schema( ) ;  //UserSchema 是我们创建的 Schema 实例。
```

Schema 定义之后，接下来通过 Schema 生成 Model。

7.8.6　Model 及其操作

在 mongoose 中，所有的数据都是一种模型（Model），每个模型都映射到 MongoDB 的一个集合，并且定义了该集合文件结构。

Model 是由 Schema 生成的模型，有了 Model，就可以对数据库进行操作。在 user.js 中，添加一行代码，即可生成并导出一个 User 的 Model。在 user.js 文件的最后，添加一行代码。

```
//user.js
module.exports = mongoose.model('User',UserSchema);
```

这里的 User 就是一个 Model，通过 User 可以很方便地操作数据库。

1. 插入

接下来创建一个 test.js 文件，用来演示对数据库进行增删改查操作，代码如下。

```
//test.js
var User = require("./user.js");
var user = new User(
{
    username : 'susan',
    userpwd: '1234',
    userage: 18,
    logindate : new Date()
});
//插入一个文档
user.save(function (err, res)
{
    if (err)
    {
        console.log("Error:" + err);
    }
    else
    {
        console.log("Res:" + res);
    }
});
```

怎么判断这个文档是否插入成功了呢？有两种方法：一种方法是查看 log；还有一种方法就是通过 Robomongo 数据库管理工具查看。

2. 查询

通过查询方法 find()，可以查看所输出的结果是不是刚才插入的文档，具体代码如下。

```
//test.js
User.find(function(err,user)
{
    if(err) console.log(err);
    console.log(user);
});
```

启动 Node 服务，在终端窗口运行命令 node db.js，终端窗口输出的 log 信息如下。

```
{ __v: 0,
  username: 'susan',
  userpwd: '1234',
  userage: 18,
```

```
    logindate: 2017-06-06T07:41:11.957Z,
    _id: 59365c970c31cc04fd65a522
}
```

通过 Robomongo 数据库管理工具查看数据库：选择数据库 mymongoosedb，打开它的
collections→users，如图 7-8 所示。

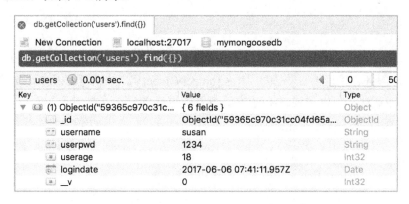

图 7-8　通过 Robomongo 可视化工具查看数据库

从图 7-8 中可以看出，文档插入确实成功了。

小贴士：

要想访问数据库，必须先启动数据库。启动的方法为：新开启一个窗口，以管理员身份执
行 mongod。以 Mac OS 系统为例，在终端窗口，执行命令 sudo mongod。如果在未启动数据库
的情况下，启动 Node 服务，将出现以下信息。

```
Mongoose connection disconnected
Mongoose connection error: MongoError: failed to connect to server [localhost:27017]
on first connect [MongoError: connect ECONNREFUSED 127.0.0.1:27017]
```

这说明，数据库连接失败，失败的原因是没有启动数据库服务。

3. 更新

文档更新命令为

```
Model.update(conditions, update, [options], [callback])
```

比如，修改某一个用户名的密码，代码如下。

```
//test.js
var User = require("./user.js");
var wherestr = {'username' : 'susan'};
var updatestr = {'userpwd': '5678'};
User.update(wherestr, updatestr, function(err, res)
```

```
{
    if (err)
    {
        console.log("Error:" + err);
    }
    else
    {
        console.log("Res:" + res);
    }
})
```

启动 Node 服务，输出的 log 信息 "Res:[object Object]"，从中可以看出，文档更新确实成功了。为了更加直观，可以再通过 find 方法查看数据库的详细文档对象。

```
User.find(function(err,user)
{
    if(err) console.log(err);
    console.log(user);
});
```

运行后输出 log 信息如下。

```
[ { _id: 593667e815860905cc8eacac,
    username: 'susan',
    userpwd: '5678',
    userage: 18,
    logindate: 2017-06-06T08:29:28.649Z,
    __v: 0 } ]
```

这说明，用户名为 susan 的密码已成功更新为 5678。

4．删除

文档删除的命令格式为

```
Model.remove(conditions, [callback])
```

例如，删除一条满足指定条件的记录，代码如下。

```
//test3.js
var User = require("./user.js");
function del( )
{
    var wherestr = {'username' : 'susan'};
    User.remove(wherestr, function(err, res)
    {
        if (err)
        {
```

```
        console.log("Error:" + err);
      }
      else
      {
          console.log("Res:" + res);
      }
   })
}
del();   //调用删除方法
```

运行后输出的 log 信息如下。

```
Res:{"n":1,"ok":1}
```

从中可以看出，成功地删除了一条记录。

需要说明的是：单独执行以上的 test.js 文件是无法运行的，必须先启动数据库服务，为此，我们在数据库连接成功的方法中，调用以上 test.js，从而实现增删改查的演示。在启动服务时，我们只需要执行 node db.js。以下是完整的代码，供参考。

```
//db.js
var mongoose = require('mongoose'),
DB_URL = 'mongodb://localhost:27017/mymongoosedb';
mongoose.connect(DB_URL);          //连接数据库
//数据库连接成功
mongoose.connection.on('connected', function ()
{
   console.log('Mongoose connection open to ' + DB_URL);
   //require('./test.js');
   //require('./test2.js');
   require('./test3.js');
});
//数据库连接异常
mongoose.connection.on('error',function (err)
{
   console.log('Mongoose connection error: ' + err);
});

//断开数据库的连接
mongoose.connection.on('disconnected', function ()
{
   console.log('Mongoose connection disconnected');
});
module.exports = mongoose;
```

7.9　小结

以上讲述了如何在 Shell 环境下操作 MongoDB，通过单个的数据库命令可以很轻松地实现对数据库的增删改查。如果不习惯 Shell，也可以使用可视化数据库操作工具（Robomongo）。当需要大量操作数据库时，可视化工具的效率会更高一些。

通过以上示例，我们对 MongoDB 有了一个基础的了解。不错，单个的知识点并不难。在 MEAN 全栈技术开发中，我们编写的是 Node.js 程序，在 Node.js 开发中，最常用的操作 MongoDB 的方法是 mongoose，通过 mongoose 操作 MongoDB 数据库，既简洁又直观。

MongoDB、Express、AngularJS 和 Node.js 这四部分不是独立的，通过 MEAN 全栈技术，它们构建了一个高效的移动互联网开发平台。

MEAN 全栈技术的基础知识至此告一段落，接下来我们将把这些知识应用于项目实践之中，一起来体验 MEAN 全栈技术带来的便捷！

实 战 篇

  学习一门编程技术，最有效的途径还是实践。实战篇演示了四个实例，每个实例并不是独立的，而是沿续从易到难的线索。从知识衔接上看，是一环扣一环的。通常，一个完整的应用包括：数据与页面之间的绑定、网络请求、路由的分发、数据库的增删改查。我们把每个知识点分解到对应的示例中。

  这里，我们借助国外网站的经典 MEAN 全栈的示例，在原示例的基础之上，对一些不易理解的地方，补充了相应的知识点，正所谓"见招拆招"。

  实战篇中的示例，都是基于 MEAN 全栈的演练，从用户管理、登录注册，再到商品的增删改查，每个示例的侧重点有所不同，而且均附有完整的工程源码。

第 8 章

应用实例 1——用户管理

8.1 概述

注：该实例源自 https://github.com/michaelcheng429/meanstacktutorial，本章在原实例的基础上，进行了改编和解读。

要想开发一个单页面应用，自然离不开前端框架（如 AngularJS）；而开发一个动态的 Web，也离不开后台数据库（如 MongoDB）。我们一直在强调全栈开发技术，后台服务器用的是 Node.js。也就是说，只要 AngularJS+MongoDB+Node.js 就够了，为什么还要用 Express 呢？

Web 应用是在浏览器中运行的，只要有网络请求的地方就会用到路由（Route），而路由正是 Express 的精华所在。

本着循序渐进的思路，我们先讲述一个基本的应用示例，主要是用来演示如何实现最基本的页面操作：增、删、改、查。

图 8-1 所示是一个用户管理页面。

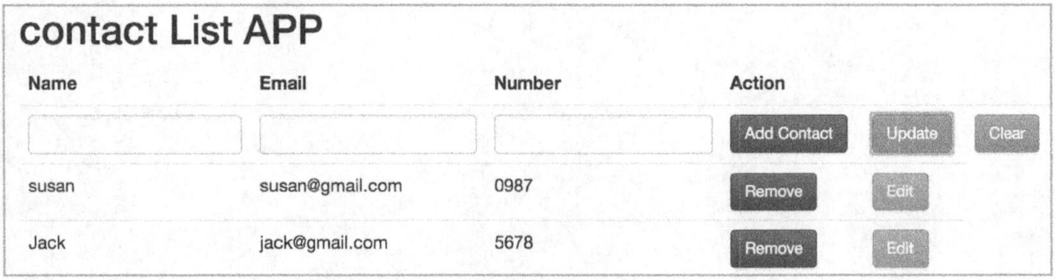

contact List APP			
Name	**Email**	**Number**	**Action**
			Add Contact Update Clear
susan	susan@gmail.com	0987	Remove Edit
Jack	jack@gmail.com	5678	Remove Edit

图 8-1　用户管理页面

8.2　实现的思路

第一步：构建视图（View）。先构建一个静态页面，通过硬编码（Hard Code）实现数据的模拟。

第二步：构建控制器（Controller）。网页上的数据来自控制器，AngularJS 最大的特性是双向数据绑定，当网页上的数据发生变化时，它所对应的控制器中数据也发生改变，反之亦然。当网页上有单击事件发生时，如单击了某个按钮，此时，也会触发控制器中所对应的方法。控制器的职责是：一方面把用户在网页上输入的数据存入数据库中；另一方面，从数据库中读取数据，传递给网页（视图）。

第三步：构建路由（Route）。应用启动后，需要访问数据库，因为要对数据库进行增删改查操作，这就是要创建一套 RESTful API。

常见的业务逻辑是：网页（View）上操作（数据显示、用户单击事件）→传递给控制器（Controller）→调用路由（Route）中的 RESTful API。

8.3　Node.js 工程结构

为此，我们先创建一个工程，并在指定的目录下新建几个所需的文件。为便于操作，我们通过 Sublime Text 编辑器来管理文件，并创建以下文件。

- 视图的创建：/public/index.html。
- 控制器的创建：/public/controller/controller.js。
- 应用的入口（兼作路由功能）：/server.js。

此时的工程结构如图 8-2 所示。

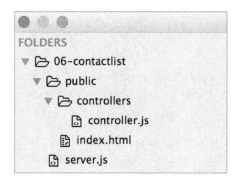

图 8-2　工程文件结构

8.3.1 创建一个 Node 服务

如果仅仅展示一个静态的页面效果，直接编写一个 HTML 文件就可以了。而我们要构建的是一个 Web 服务，需要通过浏览器发访问后台服务，如http://localhost:3000，为了实现这个基本的访问，则需要在 server.js 文件中添加以下代码。

```
//server.js
var express = require('express');
var  app = express();
app.use(express.static (__dirname + "/public") );
app.listen(3000);
console.log("server running on port 3000");
```

启动这个服务，打开终端窗口，进入到该工程所在的路径，执行"node server.js"，此时，会看到错误提示"Error: Cannot find module 'express'"，这说明，需要安装 Express 模块。安装指令为：

```
npm install express
```

Express 模块安装成功后，再来启动这个服务，该应用会正常启动，并在终端窗口输出以下 log 信息。

```
server running on port 3000
```

接着，打开浏览器，并在浏览器地址栏中输入：

```
http://localhost:3000/
```

我们注意到，此时的浏览器窗口为空，这是因为我们还没有构建 index.html 页面。

8.3.2 构建 index.html 页面

我们要构建一个静态的 HTML 页面，主要用到了<table>标签，代码如下。

```
<!DOCTYPE>
<!DOCTYPE html>
<html >
<head>
<!-- Latest compiled and minified CSS -->
<link rel="stylesheet" href="https://maxcdn.bootstrapcdn.com/bootstrap/3.3.1
                                        /css/bootstrap.min.css">
<!-- Optional theme -->
<link rel="stylesheet" href="https://maxcdn.bootstrapcdn.com/bootstrap/3.3.1
                                        /css/bootstrap-theme.min.css">
 <title> Contact List APP </title>
</head>
<body>
   <div class="container" ng-controller="AppCtrl"  >
```

```
        <h1> contact List APP </h1>
        <table class="table">
            <thead>
            <tr>
                <th> Name </th>
                <th> Email </th>
                <th> Number </th>
              <th> Action </th>
            </tr>
          </thead>
        </table>
    </div>
</body>
</html>
```

保存改动的代码，先退出当前的服务（按下组合键 Ctrl+C），再启动服务 "node server.js"，刷新浏览器，此时看到的浏览器窗口如图 8-3 所示。

图 8-3　静态网页效果

一个页面雏形已经生成了，但它的内容还是空的。接下来，我们为它填充一些内容。

我们知道，View 上的数据来自 Controller，而 View 与 Controller 之间的数据绑定依赖于 AngularJS。接下来，我们要构建 AngularJS 页面。

8.3.3　构建 AngularJS 页面

对于构建一个 AngularJS 页面来说，需要考虑以下几个因素。

● 引入 AngularJS 静态资源库；
● 引入对应的 Controller.js 文件；
● 加载 ng-app 指令；
● 设置双向数据绑定（ng-scope、ng-click 等）。

在<head>标签内，引入 AngularJS 静态资源库。

```
<script src="http://apps.bdimg.com/libs/angular.js/1.4.6/angular.min.js">
                                                                  </script>
```

引入 contoller.js 文件。

```
<script src="controllers/controller.js"></script>
```

在<table>标签内，添加以下代码。

```
<tbody>
    <tr ng-repeat="contact in contactList" >
    <td> {{ contact.name }} </td>
    <td> {{ contact.email }} </td>
    <td> {{ contact.number }} </td>
    </tr>
</tbody>
```

这里引用了一个对象 contact，我们注意到 contact 有三个属性：contact.name、contact.email 和 contact.number，而 contact 对象的赋值来自 controller.js 文件。

8.3.4 构建 controller 数据

在"/public/controllers/controller.js"文件中，添加以下代码。

```
var myApp=angular.module('myApp',[]);
myApp.controller('AppCtrl',['$scope','$http', function($scope,$http)
{
    $http.get('/contactList').success(function(response)
    {
        console.log("I get the data from I request");
        $scope.contactList=response;
    }) ;
}]);
```

controller.js 文件所定义的模块名称（myApp）、控制器名称（AppCtrl）对应于 index.html 文件。

```
<html ng-app='myApp'>  //引入 AngularJS 模块（myApp）
<div class="container" ng-controller="AppCtrl"  >   //加载控制器（AppCtrl）
```

前面提到，构建一个单页面应用分三步走，即视图、控制器、路由。这三步没有严格的顺序要求，在后续的示例中，更多是先从路由开始的。这里所说的路由，是指构建 RESTful API。

我们注意到，controller.js 控制器中调用了一个路由"$http.get('/contactList')"，接下来，我们要创建路由。

8.3.5 构建路由

我们先来构建一个路由，目的是为 index.html 提供模拟数据。在 server.js 文件中，添加以下代码。

```
var express = require('express');
var  app = express();
app.use(express.static ( __dirname + "/public") );
app.get('/contactList',function(req,res) {
    console.log("I received a GET request");
    person1 = {
        name: 'tim',
        email: 'tim@email.com',
        number: '111111'
    };
    person2 = {
        name: 'Emaily',
        email: 'Emaily@email.com',
        number: '2222'
    };
    person3 = {
        name: 'Jhone',
        email: 'Jhone@email.com',
        number: '3333'
    };
    var contactList = [person1, person2,person3];
    res.json(contactList);
});
app.listen(3000);
console.log("server running on port 3000");
```

代码解读

```
//创建一个静态的数组，数组中的每个元素都是一个对象
var contactList = [person1, person2,person3];
res.json(contactList);   //请求成功后，后台返回一个 JSON 数据格式的对象
```

后台返回的对象是怎么处理的呢？回头再来看下 controller.js 中的代码。

```
$http.get('/contactList').success(function(response)
{
    console.log("I get the data from I request");
    $scope.contactList=response;
}) ;
```

$http 请求返回的结果是一个对象，而这个对象还有一个方法。

```
success(function(response));
```

在 success 方法中处理后台返回的数据。

```
$scope.contactList=response;
```

这就是 View、Controller、Route 三者之间的关系。

运行：保存修改的代码，退出当前应用（Ctrl+C），重启服务，运行结果如图 8-4 所示。

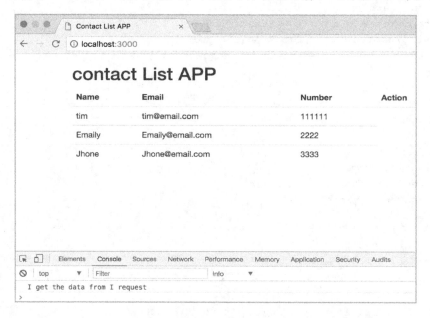

图 8-4　添加数据后的网页效果

在浏览器窗口中，我们不仅看到了数据的展示，还看到了浏览器控制台（Console）的 log 输出，这种 log 信息有助于我们调试代码。

```
console.log("I get the data from I request");
```

至此，我们已经构建了一个完整的 Web 应用，它涵盖了视图、控制器和路由三大模块。从数据层面来看，它仍然是一个静态的页面。接下来，我们要把静态页面改为动态页面，页面所呈现的数据来自后台数据库，而不是硬编码（Hard Code）创建的数组。

8.3.6　连接 MongoDB

直接操作 MongoDB 数据库稍显复杂，更为简单的方法是通过 MongoDB API 来操作数据库。类似的 MongoDB API 模块有多种，常用的有 mongoose、monk、mongojs 等，这几种 MongoDB 数据库引擎，在后续的示例中都会用到。在该示例中，我们选用 mongojs。

既然引入了一个新的模块（mongojs），则需要安装 npm install mongojs，再来修改 server.js 文件，代码如下。

```
var express = require('express');
var  app = express();
var  mongojs = require('mongojs');
var  db = mongojs('contactList', ['contactList']);
```

```
app.use(express.static (__dirname + "/public") );
app.get('/contactlist',function(req,res)
{
    console.log("I received a GET request");
    db.contactList.find(function(err,docs)
    {
        console.log(docs);
        res.json(docs);
    });
});
app.listen(3000);
console.log("server running on port 3000");
```

代码解读

```
var  mongojs = require('mongojs');
var  db = mongojs('contactList', ['contactList']);
```

引入 mongojs 模块，创建数据库文件（contactList），并创建一个 Collection（contactList）。接着，调用数据库的 find 方法，查询所有的记录。

```
db.contactList.find(function(err,docs)
{
    console.log(docs);
    res.json(docs);
});
```

运行：保存修改的代码，退出当前应用（Ctrl+C），重启服务，刷新浏览器，结果如图 8-5 所示。

图 8-5　指定 Collection 中的所有文档对象列表

我们注意到，首页所呈现的数据发生了变化，具体内容取决于数据库。而数据库的编辑有两种方法：通过 MongoDB Shell 或通过 RoboMongo 可视化工具，这两种方法之前都有详尽的介绍。

8.4　简单的用户管理操作

8.4.1　增加一条记录

当搭建好了一个框架之后，在添加新的功能时参考之前的"套路"就可以了。前面已经实现了记录的查询，接着我们来看下如何增加一条记录，同样是三步法。

第一步：构建视图

要想增加一条记录，需要一个新增记录的入口，包括三个输入框和一个按钮，页面效果如图 8-6 所示。

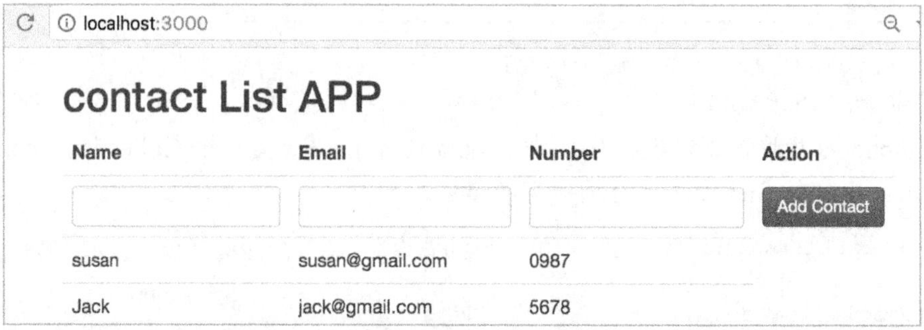

contact List APP

Name	Email	Number	Action
			Add Contact
susan	susan@gmail.com	0987	
Jack	jack@gmail.com	5678	

图 8-6　新增一个文档对象

接下来修改 index.html 文件，在\<tbody\>标签内，新增以下代码。

```
<tr>
    <td> <input class="form-control", ng-model="contact.name"> </td>
    <td> <input class="form-control", ng-model="contact.email"> </td>
    <td> <input class="form-control", ng-model="contact.number"> </td>
    <td><button class="btn btn-primary" ng-click="addContact()">Add Contact
                                            </button></td>
</tr>
```

代码较为直观，我们创建了三个\<input\>，并为每个\<input\>绑定了一个 ng=model，同时创建了一个按钮。为了美观起见，为每个元素添加了样式，而这个样式便是来自 Bootstrap CSS 样式库。

第二步：构建控制器

在 index.html 页面中，调用了"ng-click="addContact()""方法，这个方法需要在对应的 controller.js 文件中定义，代码如下。

```
$scope.addContact = function ()
```

```
{
    console.log("contact button is clicked");
    console.log($scope.contact);
    $http.post('/contactlist', $scope.contact).success( function (response)
    {
        console.log(response);
    });
};
```

注意添加代码的位置，$scope.addContact 仍然属于 AppCtrl 控制器中的一个方法，需要添加到函数体内。

```
myApp.controller('AppCtrl',['$scope','$http',function($scope,$http) {  …  }
```

因为要添加一条记录，所以要调用 HTTP 的 POST 方法，即 "$http.post('/contactlist')"，它所对应路由又是怎样的呢？

第三步：构建路由

在 server.js 文件中添加以下代码。

```
app.post('/contactlist',function(req,res)
{
    console.log("this is a post request");
    console.log(req.body);
    db.contactList.insert(req.body,function(err,doc)
    {
        res.json(doc);
    });
});
```

这里用到了 req.body，关于 req.body 的用法，在前面网络请求章节有过详细的介绍。为了识别 req.body，需要把它解析为 JSON 数据格式。为此，引入 body-parser 模块：

```
var bodyParser = require('body-parser');
app.use(bodyParser.json());
```

既然引入了 body-parser 模块，则需要安装它，方法为 "npm install body-parser"。

运行结果：保存修改的代码，退出当前应用（Ctrl+C），重启服务，刷新浏览器。添加一条记录，单击 "Add contact" 按钮后，并没有出现刚添加的那条记录，如果再刷新一次页面，新添加的记录出现了。这是怎么回事呢？

从用户体验角度考虑，新增一条记录后，需要再读取数据库，并刷新页面。按照这个思路，再创建一个页面刷新的方法，修改 "/public/controllers/controller.js" 文件，代码如下。

```
var refresh = function()
{
    $http.get('/contactlist').success(function(response)
```

```
    {
        console.log("I get the data from I request");
        $scope.contactList=response;
        $scope.contact='';   //提交后清空
    }) ;
};
refresh();
$scope.addContact = function ()
{
    console.log("contact button is clicked");
    console.log($scope.contact);
    $http.post('/contactlist', $scope.contact).success(
    function (response)
    {
        console.log(response);
        refresh();
    });
};
```

代码解读

　　一旦增加或删除一条记录，都应该有个刷新操作，为了方便调用，单独封装成一个方法"var refresh = function();"，它的作用就是把数据库的内容再读取一遍，从而刷新首页的列表。在提交一条记录后，也要调用 refresh()方法。

　　控制器中有一个 POST 请求方法：

```
$http.post('/contactlist', $scope.contact);
```

　　与此相对应的路由方法是：

```
db.contactList.insert(req.body);
```

　　其中，$scope.contact 与 req.body 是一一对应的关系。可以说，req.body 的数据来源于 $scope.contact，而$scope.contact 的数据来源于 Web 页面上的<input>。

　　调用了 refresh()函数之后，我们再来重启下服务，你会发现新创建的记录会自动出现在列表中。接下来，我们再看看如何删除一条记录。

8.4.2　删除一条记录

　　删除一条记录与增加一条记录的"套路"是一样的，还是分为三步走。

第一步：构建视图

要想删除一条记录，需要在列表中添加一个删除按钮。因为不是删除所有的记录，而是删除指定的某条记录，所以把删除按钮放在了列表中，效果如图 8-7 所示的"Remove"按钮。

contact List APP

Name	Email	Number	Action
			Add Contact
susan	susan@gmail.com	0987	Remove
Jack	jack@gmail.com	5678	Remove

图 8-7　设置一个删除按钮

修改"/public/index.html"文件，在 ng-repeat 指令中添加一个 button。

```
<tr ng-repeat="contact in contactList" >
    <td> {{ contact.name }} </td>
    <td> {{ contact.email }} </td>
    <td> {{ contact.number }} </td>
    <td><button class="btn btn-danger" ng-click="remove(contact._id)">Remove
                                                </button></td>
</tr>
```

单击"Remove"按钮时，会调用 remove(contact._id)方法，它传入的参数是 contact._id。我们知道，MongoDB 中的每一个文档对象都有一个唯一的_id。只要能获取到这个_id，查询、编辑、删掉等一切都变简单了。

接下来，在对应的 Controller 中，创建 remove(contact._id)方法。

第二步：创建 Controller 方法

对于视图中的"Remove"单击事件，创建 remove(contact._id)方法。

```
$scope.remove = function(id)
{
    console.log(id);
    $http.delete('/contactlist/' + id).success(function(response)
    {
        refresh();
    });
};
```

其中，function(id)中的参数 id 就是 contact._id。删除操作完成后，再刷新页面，调用 refresh()方法。接下来，在路由文件中创建"$http.delete('/contactlist/' + id)"网络请求。

第三步：创建路由

创建 RESTful API 中的 delete 方法，代码如下。

```
app.delete('/contactlist/:id', function (req, res)
{
    var id = req.params.id;
    console.log(id);
    db.contactList.remove({_id: mongojs.ObjectId(id)}, function (err, doc)
    {
        res.json(doc);
    });
});
```

代码解读

这个方法中用到了一个概念——req.params.id，它的 id 与 "/contactlist/:id" 中的 ":id" 是同一个值。在 HTTP 请求中，二者是一个替代的关系。下面梳理下 id 传递的思路。

（1）从 Web 页面上获取到 contact._id。

```
ng-click="remove(contact._id)">Remove </button></td>
```

（2）将 contact._id 传递给 Controller。

```
$http.delete('/contactlist/' + id)
```

（3）将 Controller 请求的 URL 传给路由。

```
app.delete('/contactlist/:id', function (req, res) { … } );
```

其实，控制器中所调用的 "$http.delete('/contactlist/' + id)" 请求所对应的就是这个 RESTful API。

运行结果：保存修改的代码，退出当前应用（Ctrl+C），重启服务，刷新浏览器。单击"Remove"按钮后，会删除一条记录，并自动刷新页面。

8.4.3　编辑与更新一条记录

要实现更新一条记录，先得显示这条记录再编辑，最后更新。清楚了这个逻辑后，我们所期望的页面显示效果如图 8-8 所示。

为实现对一条记录的编辑与更新，还是分三步走。

第一步：构建视图

在 <tbody> 标签内，添加以下代码。

localhost:3000

contact List APP

Name	Email	Number	Action	
			Add Contact	Update
Jack	jack@gmail.com	5678	Remove	Edit

图 8-8 删除一个文档对象后，自动刷新页面

```
<tr>
   <td> <input class="form-control", ng-model="contact.name"> </td>
   <td> <input class="form-control", ng-model="contact.email"> </td>
   <td> <input class="form-control", ng-model="contact.number"> </td>
   <td><button class="btn btn-primary" ng-click="addContact()">Add Contact
                                                     </button></td>
   <td><button class="btn btn-info" ng-click="update()">Update</button> </td>
</tr>
<tr ng-repeat="contact in contactList" >
<td> {{ contact.name }}  </td>
<td> {{ contact.email }}  </td>
<td> {{ contact.number }}  </td>
<td><button class="btn btn-danger" ng-click="remove(contact._id)">Remove
                                                     </button></td>
<td><button class="btn btn-warning"
                     ng-click="edit(contact._id)">Edit</button></td>
</tr>
```

代码很容易理解，新加了两个按钮：Update 和 Edit，每个按钮对应一个方法。接下来，在 controller.js 中创建它们的方法。

第二步：创建 Controller 方法

在 "/public/controllers/controller.js" 文件中，添加以下代码。

```
//创建 edit(contact._id)对应的方法
$scope.edit = function(id)
{
   console.log(id);
   $http.get('/contactlist/' + id).success(function(response)
   {
      $scope.contact = response;
   });
};
```

```
//创建 update()对应的方法
$scope.update = function()
{
    console.log($scope.contact._id);
    $http.put('/contactlist/' + $scope.contact._id,
                            $scope.contact).success(function(response)
    {
        refresh();
    })
};
```

代码解读

edit(contact._id)方法中带有一个参数：contact._id，而 update()方法中的参数为空。这是因为在更新一条记录时，先是选中 "Edit" 按钮，此时会获取到该条记录所对应的_id，并赋值给$scope.contact._id。

单击 "Edit" 按钮时，调用的请求为：

```
$http.get('/contactlist/'+id)
```

单击 "Update" 按钮时，调用了 HTTP PUT 请求：

```
$http.put('/contactlist/' + $scope.contact._id, $scope.contact)
```

为此，需要为这两个方法创建各自的路由。

第三步：创建路由

"$http.get('/contactlist/' + id)" 也是一个 GET 请求，但这个 GET 请求带有一个指定的参数 id，目的是为了获取指定 id 的记录，所以调用了 findOne 方法。

```
app.get('/contactlist/:id', function (req, res)
{
    var id = req.params.id;
    console.log(id);
    db.contactList.findOne({_id: mongojs.ObjectId(id)}, function (err, doc)
    {
        res.json(doc);
    });
});
```

数据库的更新操作要复杂些，先找到要更新的记录的 id，再把新的内容提交到数据库，所以调用了 findAndModify 方法，代码如下。

```
app.put('/contactlist/:id', function (req, res)
{
    var id = req.params.id;
    console.log(req.body.name);
```

```
db.contactList.findAndModify(
{
    query: {_id: mongojs.ObjectId(id)
},
update: {$set: {name: req.body.name, email: req.body.email, number:
                                              req.body.number}},
new: true}, function (err, doc)
{
    res.json(doc);
}
);
});
```

运行结果：保存修改的代码，退出当前应用（Ctrl+C），重启服务，刷新浏览器。先单击某条记录所对应的"Edit"按钮，该记录的内容会自动填充到编辑框中，再手动编辑，最后单击"Update"按钮，就会看到更新后的记录，如图 8-9 所示。

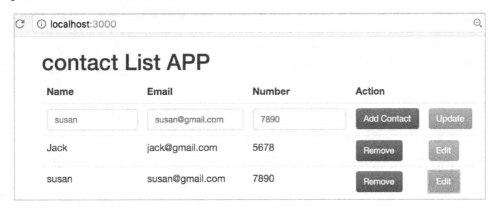

图 8-9　编辑一个文档对象

在进行更新操作时，我们用到了$set 方法，接下来介绍$set 的应用。

8.4.4　$set 与$unset 的应用

在 MongoDB 中，我们用 update 来更新一个文档对象。有些情况下，一个文档对象只需要更新其中的一小部分，此时就用到$set 方法。

$set 用来指定一个键值对，如果这个键存在，就修改它；不存在，则创建它。如果想在更新记录时，增加年龄一项，就可以添加一个键值对。例如：

```
update: {$set: {name: req.body.name, email: req.body.email, number:
req.body.number, age:"18"}}
```

当然，也可以部分更新。如果只需更新名字，不需要更新其他项，可以这么来写：

```
update: {$set: {name: req.body.name}}
```

如果有内嵌文档，用$set 也可以来修改内嵌文档，其用法和更新普通文档一样。

与$set 相对应的是$unset，从名字就可以看出来，它们是一对，前者是修改键，后者用来删除键，$unset 也可以用来修改普通文档和内嵌文档。例如，如果想把之前新增的 age 键删掉，就可以这么写：

```
update: {$unset: { age:"18"}}
```

总之，通过综合使用$set 和$unset，可以很灵活地对 MongoDB 数据库进行操作，尤其是当文档对象的结构不固定时，可以根据场景对数据库的文档对象进行动态的关联，而这正是NoSQL 数据库的优势所在。

8.5 小结

至此，用户可以在网页上进行增删改查操作了，整个实现过程，我们一直在强调三步法。

（1）构建视图：视图的编码是最容易理解的。

（2）构建控制器：起到了桥梁作用，它一方面与视图交互，为视图提供数据，接收视图的输入和单击事件；另一方面则调用路由的 API。

（3）构建路由：实现一个可以操作数据库的动态页面，关键技术点在于路由的创建，对于Web 全栈开发者而言，构建 RESTful API 是基本功。

正因为 RESTful API 的重要性，在后续的示例中，我们将从多个维度创建 RESTful API，以达到驾轻就熟的目标！

应用实例 2——登录管理

9.1 概述

对于一个互联网产品来说，注册、登录是最基础的模块。即使不用 MEAN 框架，哪怕是单纯的 Node.js 也可以实现登录、注册。用 MEAN 框架的好处在于，架构的层次感会很鲜明，代码量也会随之减少很多。

这个实例讲述的是如何通过 MEAN 全栈技术实现登录和注册。

9.2 安装 Express

创建一个基于 Express 的工程，首先确保你已经安装了 Express。Express 需要全局安装，安装方法为在终端窗口，执行以下命令：

```
npm install -g express -generator
```

安装成功后，会自动添加到系统路径中。以 Mac OS 为例，Express 自动安装在"/usr/local/lib"中。

9.3 创建 Express 工程

打开终端窗口，进入到工程所在路径，执行命令：

```
express  --view=ejs  login
```

需要注意的是，创建 Express 工程时，默认的视图模板引擎是 Jade。在这个实例中，我们选用 EJS 模板引擎。至于为什么选择 EJS 而没有用 Jade，前面的模板引擎一文有详细的介绍，这里不再赘述。

创建过程如下：

```
create : login
```

```
    create : login/package.json
    create : login/app.js
    create : login/public
    create : login/public/images
    create : login/public/javascripts
    create : login/routes
    create : login/routes/index.js
    create : login/routes/users.js
    create : login/public/stylesheets
    create : login/public/stylesheets/style.css
    create : login/views
    create : login/views/index.ejs
    create : login/views/error.ejs
    create : login/bin
    create : login/bin/www
    install dependencies:
$ cd login && npm install

    run the app:
$ DEBUG=login:* npm start
```

如果该命令成功执行了，会自动创建多个文件，目录结构如图 9-1 所示。

图 9-1　创建 Express 工程时目录结构

终端窗口中有这样的两行信息，如下所示。

```
$ cd login && npm install
```

```
run the app:
  $ DEBUG=login:* npm start
```

我们还要做两件事：

● 在当前路径下，执行 cd login，通过 npm install 安装所依赖的模块。

● 运行这个应用实例，其指令是 npm start。

在运行 npm install 之前，先来看下工程中的 package.json 文件。

```
{
  "name": "login",
  "version": "0.0.0",
  "private": true,
  "scripts": {
    "start": "node ./bin/www"
  },
  "dependencies": {
    "body-parser": "~1.15.2",
    "cookie-parser": "~1.4.3",
    "debug": "~2.2.0",
    "ejs": "~2.5.2",
    "express": "~4.14.0",
    "morgan": "~1.7.0",
    "serve-favicon": "~2.3.0"
  }
}
```

说明：npm install 命令用来把 package.json 中所依赖的模块全部加载到工程中。

cd login && npm install 命令也可以分两步完成。

● 先执行 cd login，进入到 login。

● 执行 npm install，安装工程所需要的依赖模块。

npm install 成功执行后，在工程中会自动安装一个 node_modules 文件夹，用来存放那些依赖的模块。至此，我们已经创建了一个完整的 Express 工程，接下来运行一下。打开终端窗口，进入该工程所在的路径，执行：

```
npm start
```

在浏览器的地址栏中输入"http://localhost:3000"，刷新浏览器，出现一个 Express 欢迎页面。

```
Express
Welcome to Express
```

在浏览器的地址栏中输入"http://localhost:3000/users"，刷新浏览器后，出现以下信息。

```
respond with a resource
```

这意味着，浏览器输入不同的 URL 地址，所显示的内容是不同的。不同的 URL 代表不同的请求，不同的 URL 由 Express 来分发。

我们先来解读下这个工程。app.js 文件至关重要，代码如下。

```javascript
var express = require('express');
var path = require('path');
var favicon = require('serve-favicon');
var logger = require('morgan');
var cookieParser = require('cookie-parser');
var bodyParser = require('body-parser');

//加载路由控制器
var index = require('./routes/index');
var users = require('./routes/users');

var app = express();

//view engine setup
app.set('views', path.join(__dirname, 'views'));
app.set('view engine', 'ejs');

//uncomment after placing your favicon in /public
//app.use(favicon(path.join(__dirname, 'public', 'favicon.ico')));
app.use(logger('dev'));
app.use(bodyParser.json());
app.use(bodyParser.urlencoded({ extended: false }));
app.use(cookieParser());
app.use(express.static(path.join(__dirname, 'public')));

//将路由控制器设为中间件
app.use('/', index);
app.use('/users', users);

//catch 404 and forward to error handler
app.use(function(req, res, next) {
    var err = new Error('Not Found');
    err.status = 404;
    next(err);
});

//error handler
app.use(function(err, req, res, next) {
    //set locals, only providing error in development
    res.locals.message = err.message;
    res.locals.error = req.app.get('env') === 'development' ? err : {};
```

```
//render the error page
res.status(err.status || 500);
res.render('error');
});
```

app.use(function(err, req, res, next)这行代码的作用是调用中间件（Middle Ware），每个中间件有三个参数。

- req：包括所有的请求对象，如 URLs、path 等。
- res：后台服务器返回给前端的响应对象。
- next：下一个中间件，是否执行下一个中间件，取决于是否调用 next()方法。

为了对路由进行统一管理，这里创建了两个路由控制器：index.js 和 users.js。每个路由控制器就是一个文件，这就好比一个模块（Module）就是一个文件一样。

index.js 文件的代码如下。

```
//index.js
var express = require('express');
var router = express.Router();

/* GET home page. */
router.get('/', function(req, res, next) {
    res.render('index', { title: 'Express' });
});
module.exports = router;
```

代码解读

代码中，出现了路径相关的描述：__dirname。路由与路径是密切相关的，如果路径设置不当，就找不到对应的页面，从而出现 404 的报错。需要注意的是：__dirname 前面有两个短下画线。__dirname 会被解析为正在执行的脚本所在的目录，如果脚本放在"/home/route/app.js"中，则__dirname 会被解析为"/home/route"。不管什么时候，这个全局变量用起来都很方便。如果不这么做，在不同的目录中运行这个程序时，有可能出现莫名其妙的错误。

我们先来看下根目录的路由：当在浏览器输入"http://localhost:3000"时，所对应的路由 URL 是根目录"/"，该路由对应的页面是 index.ejs，代码如下。

```
//index.ejs
<!DOCTYPE html>
<html>
  <head>
    <title><%= title %></title>
    <link rel='stylesheet' href='/stylesheets/style.css' />
```

```
    </head>
    <body>
      <h1><%= title %></h1>
      <p>Welcome to <%= title %></p>
    </body>
</html>
```

当在浏览器输入"http://localhost:3000/users"时，所对应的路由 URL 是根目录下的"/users"。当客户端发出这个 URL 时，服务器所返回的内容取决于 user.js 文件的处理。

```
//users.js 代码
var express = require('express');
var router = express.Router();
/* GET users listing. */
router.get('/', function(req, res, next) {
    res.send('respond with a resource');
});
module.exports = router;
```

需要说明一点，users.js 文件中的 router.get 函数内的 URL 是"/"，看上去也是根目录，其实不然，因为这个"/"是在 users.js 的 router 中。我们在 app.js 文件中已经设置了 users 控制器所在的路径"app.use('/users',users);"，这就是说，只要是 users.js 控制器中的 URL，都在 users 路径之下。通过路由控制器，在一级请求路径下做了区分，通俗点儿说，在一级路径下分叉了。

再来看下"http://localhost:3000/users"请求，后台返回的是

```
res.send('respond with a resource');
```

显然，这是一段文字，后台通过 res.send 返回文字；而视图是通过 res.render() 来渲染的。

至此，一个基于 Express 框架的 Node.js 工程已经创建成功了，通过它的 package.json 文件可以看出，仅仅依赖 Express 和 EJS 就可以完成一个基础的 Web 应用，我们可以照猫画虎，在这个工程上，稍加修改就可以实现登录、注册页面。

接下来，我们开始添加登录和注册页面，在动手之前，我们先来梳理下构建的思路。通常，构建 Web 应用有两个套路：一种是前端驱动，另一种是后端驱动。

● 前端驱动是指先构建 HTML 静态页面，再加上路由；可以动态访问这些页面，后台能够获取到前端的输入；这一切，因为没有后台提供数据，需要通过 console.log 显示出来。
● 后端驱动是指先设计后台数据库，后台给前端提供 RESTful API，因为这时候还没有前端，需要借助前端工具模拟 GET/POST 请求。

以上两种方法难以给出优劣之分，在项目实践中，根据具体情况而定，作为一名全栈工程师，可以从自己最擅长的技术作为切入点。

在这个实例中，我们采用前端驱动的方式，来一步步完成登录、注册的页面及其功能。

9.4　构建登录页面

9.4.1　构建登录的静态页面

我们要创建一个登录静态页面,常规的做法是创建一个 HTML 文件。而在 Express 工程中,需要创建一个符合模板引擎的页面,而不是单纯的 HTML 文件。这个工程加载的是 ejs 模板引擎,对应地,应该创建一个以 ejs 为后缀的文件。在 Sublime text 编辑中,一个带有 HTML 标签的 ejs 文件与 HTML 风格极为相似。如果不管动态数据加载的话,在 Express 工程中,ejs 文件就等同于 HTML 文件。

先来看下登录页面的效果,在浏览器输入"http://localhost:3000/login"时,显示的页面如图 9-2 所示。

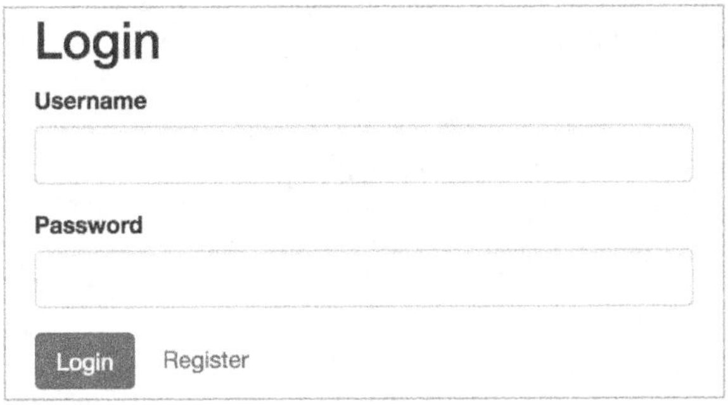

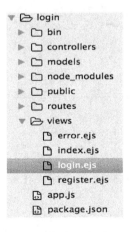

图 9-2　登录、注册页面

创建 login.ejs 文件的方法:在 Sublime Text 编辑器中,打开当前的 login 工程,在工程的 views 目录下创建一个 login.ejs 文件,如图 9-3 所示。

图 9-3　在指定的路径下,创建 login.ejs 文件

编写 login.ejs 文件，代码如下。

```html
<!DOCTYPE html>
<html>
<head>
    <meta charset="utf-8" />
    <title>Login</title>
    <link rel="stylesheet" href="//maxcdn.bootstrapcdn.com/bootstrap/3.3.5/css/
                                            bootstrap.min.css" />
    <style type="text/css">
        body {
            padding-top: 100px;
        }
        .form-container {
            width: 400px;
            margin: auto;
        }
        .credits {
            border-top: 1px solid #ddd;
            margin-top: 40px;
            padding-top: 20px;
        }
    </style>
</head>
<body>
<div class="form-container">
    <h2>Login</h2>
      <form method="post">
      <div class="form-group">
       <label for="username">Username</label>
       <input type="text" name="username" id="username" class="form-control" />
      </div>
      <div class="form-group">
          <label for="password">Password</label>
          <input type="password" name="password" id="password" class=
                                            "form-control" />
      </div>
      <div class="form-group">
          <button type="submit" class="btn btn-primary">Login</button>
          <a href="/register" class="btn btn-link">Register</a>
      </div>
    </form>
</div>
```

```
    <div class="credits text-center">
    </div>
</body>
</html>
```

为便于阅读代码时一览无余，在这个实例中，我们把自定义的 CSS 与 HTML 融合在一起，在真正的项目开发中，CSS 与 HTML 要区分开来，方法很简单，只需要把 CSS 放在一个单独的文件中，在 HTML 文件中引用这个 CSS 文件即可。

我们创建了一个静态的 login.ejs 文件，怎么在浏览器中访问这个 ejs 文件呢？单纯地单击这个 ejs 文件，浏览器是不识别的；反过来，如果是一个单纯的 HTML 文件，可以在浏览器直接打开。这是因为，ejs 文件只有经过 ejs 模板引擎渲染后，才能转化为标准的 HTML 文件。

为了能够访问这个 login.ejs 页面，接下来要为它添加路由。

9.4.2 构建路由

在现有工程上添加一个路由，可以参考工程自带的 index.js 结构。在工程的 routes 目录下，添加一个 login.js 文件，如图 9-4 所示。

图 9-4 在 routes 目录下添加 login.js 文件

编写 login.js 路由文件，代码如下。

```
//login routing

var express = require('express');
var router = express.Router();
```

```
var request = require('request');

router.get('/', function (req, res) {
    res.render('login'); //指向 login.ejs 文件
});

router.post('/', function (req, res) {

    console.log(req.body);
});

module.exports = router;
```

代码解读

用户在登录页面输入用户名和密码，前端将用户数据提交给后台服务器，后台需要查看是否能够收到前端的数据。这里，我们借助 "console.log(req.body);" 来输出前端录入的数据。通俗地说，前端的作用就是数据采集与数据展示。

具体来说，在登录页面输入以下内容，如图 9-5 所示。

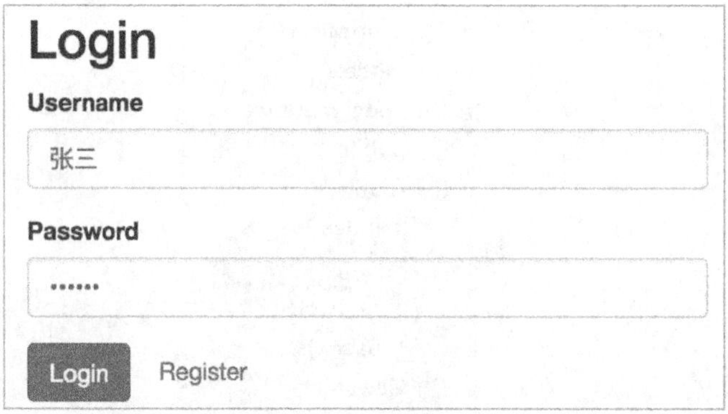

Login

Username

| 张三 |

Password

| •••••• |

| Login | Register

图 9-5   登录页面

在终端窗口，会输出以下信息。

```
{username: '张三', password: '123456' }
```

在这个工程中，Express 用到了 body-parser 中间件，借助这个中间件才将前端的输入内容转换为 JSON 数据格式。后台接收到 JSON 数据后，这就为后续的数据解析打下了基础。

有了 login.js 路由文件后，还得把它作为中间件添加到 app.js 中。

9.4.3　添加路由中间件

在这个工程中,尽管应用的入口是"bin/www"文件,而我们要改动的文件是根目录下 app.js 文件,在 app.js 文件中,添加以下代码。

```
app.use('/login', require('./routes/login'));
```

这样一来,就为登录页面添加了路由。当应用启动后,在浏览器中输入 "http://localhost:3000/login" 时,就会出现以上的登录页面。

需要注意的是,login.js 与 login.ejs 二者之间有一个对应的关系。

```
router.get('/', function (req, res) {
    res.render('login'); //指向 login.ejs 文件
});
```

这个是一个 GET 请求,当在浏览器中输入"http://localhost:3000/login"时,服务器会返回 login.ejs 页面;当在登录页面上输入用户名和密码,再单击"Login"按钮时,会触发 POST 请求,具体触发的路由如下。

```
router.post('/', function (req, res)
{
    console.log(req.body);
});
```

从中可以看出,尽管请求的路径相同,但它们请求的方法不同,一个是 GET 请求,用来呈现登录页面;另一个是 POST 请求,用来将表单数据提交给服务器。终端窗口出现的 log 信息就是在表单 POST 请求时获取到的。

接下来,按照同样的套路,构建注册页面。

9.5　构建注册页面

9.5.1　静态页面的创建

在工程 views 目录下,创建 register.ejs 文件。创建的方法与登录页面类似,在 register.ejs 文件中,添加以下代码。

```
<!DOCTYPE html>
<html>
<head>
    <meta charset="utf-8" />
    <title>Login</title>
    <link rel="stylesheet" href="//maxcdn.bootstrapcdn.com/bootstrap/3.3.5/css/
                                            bootstrap.min.css" />
```

```html
        <style type="text/css">
            body {
                padding-top: 100px;
            }
            .form-container {
                width: 400px;
                margin: auto;
            }
            .credits {
                border-top: 1px solid #ddd;
                margin-top: 40px;
                padding-top: 20px;
            }
        </style>
    </head>
    <body>

    <div class="form-container">
        <h2>Register</h2>

        <% if(locals.error) { %>
            <div class="alert alert-danger"><%= error %></div>
        <% } %>
      <form method="post">

            <div class="form-group">
                <label for="username">Username</label>
                <input type="text" name="username" id="username" class="form-control" />
            </div>
            <div class="form-group">
                <label for="password">Password</label>
                <input type="password" name="password" id="password" class=
                                                        "form-control" required />
            </div>
            <div class="form-group">
                <button type="submit" class="btn btn-primary">Register</button>
                <a href="/login" class="btn btn-link">Cancel</a>
            </div>
        </form>
    </div>

      <div class="credits text-center">

      </div>
    </body>
    </html>
```

代码解读

```
<% if(locals.error) { %>
    <div class="alert alert-danger"><%= error %></div>
<% } %>
```

在 ejs 文件中，出现了一个变量 locals，而 locals 并不是 Node.js 的变量，它是 ejs 中的一个全局句柄。应该说，Express 中的 render 函数传递给 ejs 的所有变量都绑定到 locals 这个变量上，我们可以直接用变量名，而省去 locals 这个变量。这里的 locals.error 与对应的路由文件相关联，后面会讲到它的展示效果。

对于注册页面来说，在浏览器输入 "http://localhost:3000/register" 时，显示的页面如图 9-6 所示。

Register

Username

_____

Password

_____

[Register]   Cancel

图 9-6   注册页面运行结果

9.5.2   构建注册页面的路由

在工程的 routes 目录下，添加一个 register.js 文件，代码如下所示。

```
var express = require('express');
var router = express.Router();
var request = require('request');

//dummy db
var dummyDb = [
  {username: 'name1', password: '123456'},
  {username: 'name2', password: 'abcd'},
  {username: 'name3', password: '09876'},
];

router.get('/', function (req, res) {
    res.render('register');
```

```
});

router.post('/', function (req, res) {
    console.log(req.body);
    var username = req.body.username;
    //check if username is already taken
    for (var i = 0; i < dummyDb.length; i++) {

        if (dummyDb[i].username === username) {
            res.render('register', { error: "该用户已存在！" } );

            return;
        }
    }

    //return to login page with success message
    res.render('login',{success: "注册成功！"});
});

module.exports = router;
```

📦 代码解读

创建路由的方法与登录的路由是一脉相承的，我们只关注不同的部分。为了模拟业务场景，我们创建了一个 dummy 数据库，当注册的用户名已存在数据库中时，给出提示"该用户已存在！"，如图 9-7 所示。

Register

该用户已存在！

Username

Password

Register Cancel

图 9-7　当新注册的用户名已存在时，给出提示

这个动态的提示效果是怎么实现的呢？在 register.js 中，有这么一行代码。

```
res.render('register', { error: "该用户已存在！" } );
```

通常看到的是，服务器返回的是一个页面，如 "res.render('register');"。这次不仅返回页面，还返回一行带有 JSON 的数据。这里的 error 是一个变量，通过 ejs 模板引擎，与对应的 register.ejs 关联起来。也就是说，在 register.ejs 文件中，肯定用到了 error 变量。果不其然，register.ejs 中的 locals.error 中的 erro 就是 register.ejs 中的 error。对应的代码如下。

```
<% if(locals.error) { %>
    <div class="alert alert-danger"><%= error %></div>
<% } %>
```

同理，我们还可以再 Login 页面上添加一个提示信息，例如，当注册成功后，返回到登录页面，并给出 "注册成功！" 的提示，如图 9-8 所示。

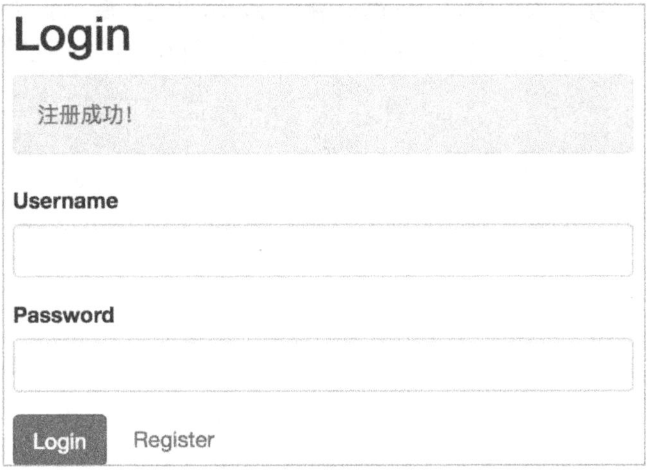

图 9-8　新用户注册成功时，给出提示

要想实现这样的提示效果，需要 Router 与 ejs 配合。在 register.js 文件中，添加代码。

```
res.render('login',{success: "注册成功！"});
```

对应地，在 login.ejs 中，添加如下代码。

```
<% if(locals.error) { %>
    <div class="alert alert-danger"><%= error %></div>
<% } %>
<% if(locals.success) { %>
    <div class="alert alert-success"><%= success %></div>
<% } %>
```

起初，我们创建的是一个静态的页面，经过以上简单的处理后，页面开始呈现出动态的特征，从中也可以看出 ejs 模板引擎的优势所在。

9.5.3　添加路由中间件

在工程的 **app.js** 文件中，添加以下代码。

```
app.use('/register', require('./routes/register'));
```

当应用启动后，在浏览器中输入"http://localhost:3000/register"时，就出现以上的注册页面了。

9.6　小结

至此，我们已经完成了登录、注册页面，并实现了它们的路由和页面之间的跳转。前端所要做的已基本完成了，接下来继续完善它的后端功能。用户注册后，应该把用户数据存储到数据库中；当用户登录时，应该通过对比后台数据库验证用户的身份，这时候，MongoDB 开始粉墨登场了。

第 10 章

应用实例 3——记事本

10.1 概述

注：该实例源自 http://adrianmejia.com/blog/2014/09/28/angularjs-tutorial-for-beginners-with-nodejs-expressjs-and-mongodb/，本章在原实例的基础上进行了改编和解读。

我们要实现这样的页面和功能：用户在首页上看到的是这样一个列表，如图 10-1 所示。

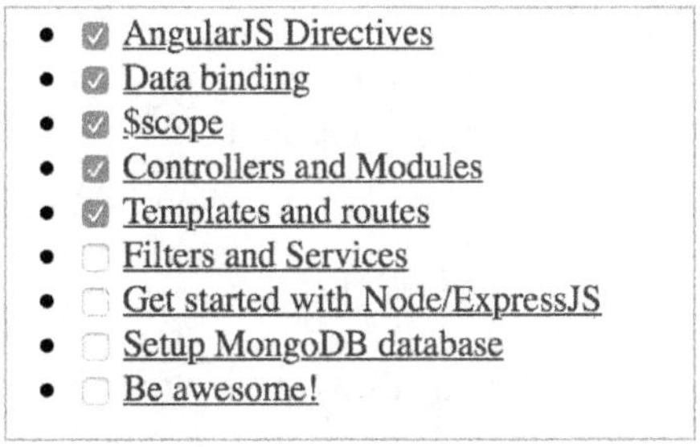

图 10-1 首页列表展示

其中，每一行都可以选中，也可以去选中，且每一行都可以响应单击事件，单击任意一行，进入该行的详情页面，如图 10-2 所示。

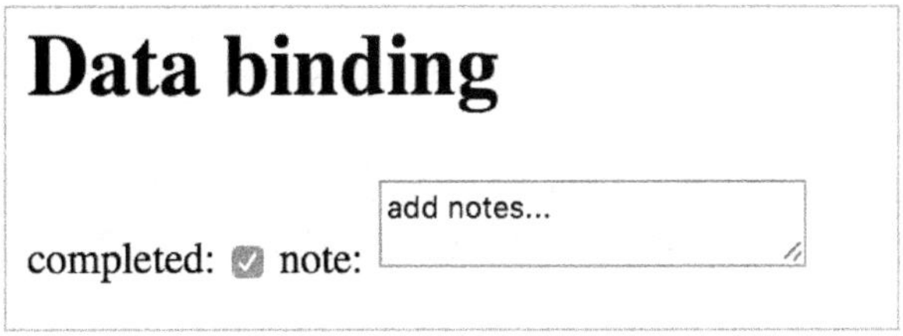

图 10-2 详情页面展示

通过单击浏览器左上角的返回键，返回到首页。

10.2　实现思路

实现一个 Web 页面的方法有多种，既然我们学习了 AngularJS，懂得了单页面应用的优势所在，那就学以致用吧！

创建单页面应用，离不开 Route（路由）、View（视图）、Controller（控制器），更离不开最基本的$scope 双向数据绑定。创建 RESTful API 是每个应用的"标配"。

我们先从 AngularJS 做起，一步步来添加模块。

10.3　构建 AngularJS 应用

先来构建一个最基本的 AngularJS 应用，用来验证 AngularJS 这个框架能否正常工作。这是一个类似 Hello World 的输出，代码如下。

```
<!DOCTYPE html>
<html ng-app>
<head>
    <title> Hello World in AngularJS </title>
    <script src="https://ajax.googleapis.com/ajax/libs/angularjs/1.2.25/
                                            angular.min.js">
</script>
</head>
<body>
<input ng-model="name"> Hello {{ name }}
</body>
</html>
```

直接在浏览器中打开这个文件，运行效果如图 10-3 所示。

图 10-3　运行效果

从中可以看出，有了 AngularJS，只要几行简单的代码，并且在没有任何 JavaScript 的情况下，就可以写出具有动态交互效果的 Hello World。这一切，都源自 ng-app 和 ng-model 的强大功能。

```
<html ng-app>
<input ng-model="name"> Hello {{ name }}
```

ng-app 的作用：要想让 AngularJS 起作用，只要在 HTML 页面中引用 AngularJS，并在某个 DOM 元素上明确设置 ng-app 属性即可。ng-app 属性声明在不同的 DOM 元素上，它所影响的范围也不同。例如，声明在<html ng-app>，表明整个 HTML 页面都属于 Angular 应用；而如果声明在<div>中，只对该 div 所包含的内容起作用，这就是我们可以在 Web 应用中嵌套 AngularJS 应用的原因。只有被具有 ng-app 属性的 DOM 元素所包含的元素，才会受到 AngularJS 的影响。

ng-model 的作用：ng-model 常常与{{ }}配对使用，在输入字段上使用 ng-model 指令来实现数据绑定。

```
<input ng-model="name"> Hello {{ name }}
```

用了 AngularJS，数据绑定就是这么简单。我们可以观察一下视图是如何更新数据模型的，当输入字段中的值发生变化时，name 会被更新，而视图将实时反映这个更新。

借助 AngularJS 的指令 ng-model，我们仅仅通过视图就实现一个双向数据绑定。接下来我们从控制器的角度来介绍双向数据绑定。

10.3.1　控制器

AngularJS 控制器可以控制网页上的 DOM 元素，也可以响应网页上的单击事件，这一切，源于$scope，它是模型（Model）与视图（View）的数据通道。这里，我们通过单纯的 AngularJS 来呈现一个首页列表。创建一个 HTML 文件，编写如下代码。

```
<!DOCTYPE html>
<html ng-app>
<head>
   <title> Hello World in AngularJS </title>
   <script src="https://ajax.googleapis.com/ajax/libs/angularjs/1.2.25/
                                        angular.min.js"></script>
</head>

<body>
<body ng-controller="TodoController">
  <ul>
    <li ng-repeat="todo in todos">
      <input type="checkbox" ng-model="todo.completed">
      {{ todo.name }}
    </li>
  </ul>
  <script>
    function TodoController($scope){
      $scope.todos = [
        { name: 'Master HTML/CSS/Javascript', completed: true },
```

```
        { name: 'Learn AngularJS', completed: false },
        { name: 'Build NodeJS backend', completed: false },
        { name: 'Get started with ExpressJS', completed: false },
        { name: 'Setup MongoDB database', completed: false },
        { name: 'Be awesome!', completed: false },
      ]
    }
  </script>
</body>
</body>
</html>
```

在浏览器中，打开这个 HTML 文件，效果如图 10-4 所示。

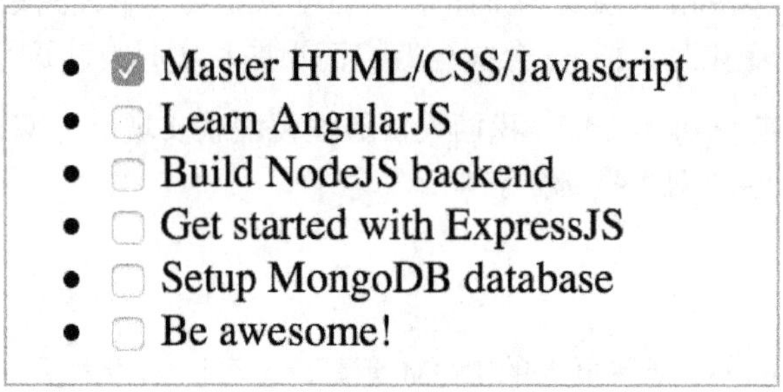

- ☑ Master HTML/CSS/Javascript
- ☐ Learn AngularJS
- ☐ Build NodeJS backend
- ☐ Get started with ExpressJS
- ☐ Setup MongoDB database
- ☐ Be awesome!

图 10-4　AngularJS 的$scope 数据绑定效果

感觉很神奇吧！这正是 AngularJS 的强大所在，其中的 ng-controller、ng-repeat、$scope 是 AngularJS 的基础。

- ng-controller 是 Angular 的一个指令，Controller 与 View 是绑定在一起的，当 AngularJS 加载时，它就会读取 ng-controller 的参数。ng-controller 在<script>中声明了一个函数，这里是 TodoController。当<body>标签遇到"<body ng-controller="TodoController">"时，就会调用对应的 TodoController 方法。
- $scope 在这里起到一个传递数据的作用。在 TodoController 方法中，有一个$scope 参数，它定义了一个对象数组$scope.todos。在它对应的 HTML 页面中，可以直接调用控制器中带有$scope 标识的对象。

`<li ng-repeat="todo in todos">`

- ng-repeat，顾名思义，它是重复的意思。这里用来遍历 todos 对象数组，把数组中的每一个对象都提取出来进行处理。数组中的每一个对象有两个属性：name 和 completed。
- ng-model，将复选框（checkbox）绑定在 todo.completed 上，如果 todo.completed 是 ture，该复选框被选中，反之，去掉勾选。

10.3.2　模块

AngularJS 有一个重要的概念——Module，即模块的意思。对于一个 AngularJS 应用来说，它是由多个模块组成的。模块便于复用，一个模块可以在多个地方被调用。从模块的角度重构 TodoController，代码如下。

```html
<!DOCTYPE html>
<html ng-app ='app' >
<head>
    <title> Hello World in AngularJS </title>
    <script src="http://apps.bdimg.com/libs/angular.js/1.4.6/
                                        angular.min.js"></script>
</head>
<body>
<body ng-controller="TodoController">
 <ul>
  <li ng-repeat="todo in todos">
    <input type="checkbox" ng-model="todo.completed">
    {{ todo.name }}
  </li>
 </ul>

 <script>
 var app = angular.module('app', []) ;
 app.controller ('TodoController' , ['$scope', function ($scope) {
  $scope.todos = [
     { name: 'Master HTML/CSS/Javascript', completed: true },
     { name: 'Learn AngularJS', completed: false },
     { name: 'Build NodeJS backend', completed: false },
     { name: 'Get started with ExpressJS', completed: false },
     { name: 'Setup MongoDB database', completed: false },
     { name: 'Be awesome!', completed: false },
   ]
 }]);
 </script>
</body>
</body>
</html>
```

代码解读

我们定义了一个 Module，名字为 app。为了加载这个 Module，我们在网页开始的地方，写了这样一行代码：<html ng-app ='app' >。关于 Module 的应用，后续会有更为详尽的示例。

再次打开这个 HTML 文件，刷新浏览器，效果与上次一样。如果出现了异常，浏览器中会出现类似{{ todo.name }}的字符，当出现花括号{{ }}时，这说明 AngularJS 没有起作用。

AngularJS 本身是一个开源的 JS 文件，可以在浏览器中查看它的源码。比如，在浏览器中打开"https://ajax.googleapis.com/ajax/libs/angularjs/1.2.25/angular.min.js"，可以在浏览器中看到 AngualrJS 的内容。

这些 AngularJS 文件，我们称之为静态资源库。考虑到加载的速度，也可以选择来自其他网络的静态资源库，例如，来自百度的http://apps.bdimg.com/libs/angular.js/1.4.6/angular.min.js。

10.3.3　模板

AngularJS 是一个单页面应用，可以在一个页面上动态地展示不同的视图（页面）。为了做到这一点，AngularJS 提供了 ng-view 和 ng-template 两个指令，以及$routeProvider 服务。

谈到 AngularJS 模板，必将用到 ng-template 指令。通过该指令，使用 script 标签创建一个 HTML 视图，同时还包含一个 id 属性，这个 id 属性通过$routeProvider 映射到控制器中。

例如，定义一个 template，在现有的 HTML 文件中，通过<script>标签引入。

```
<script type="text/ng-template" id="/todos.html">
  <ul>
    <li ng-repeat="todo in todos">
      <input type="checkbox" ng-model="todo.completed">
      {{ todo.name }}
    </li>
  </ul>
</script>
```

需要说明的是，"type="text/ng-template""指明这是 ng 模板，id 属性是指实际使用模板时的一个引用，<script>与</script>之间的内容才是实际的模板内容。还要注意，这里的"id="/todos.html""不是 URL，这个<script>标签绝对不会发出 HTTP 请求。

在实际应用模板的时候，使用 id 属性，即可从内存中获取到对应的 HTML 数据。

10.3.4　布局模板

在 AngualrJS 中，可以通过 ng-include 指令在布局中引用多个模板；而更好的做法是，将网页分解成多个布局模板视图，并且根据用户当前访问的 URL 来展示对应的视图。

要创建一个布局模板，需要修改 HTML 以告诉 AngularJS 把模板渲染到何处。通过将 ng-view 指令和路由组合到一起，我们可以精确地指定当前路由所对应的模板在 DOM 中的渲染位置。

例如，布局模板看起来可能是下面这样的。

```
<header>
   <h1>Header</h1>
</header>
<div class="content">
   <div ng-view></div>
</div>
<footer>
 <h5>Footer</h5>
</footer>
```

这个例子中，我们将所有需要渲染的内容都放到了<div class="content">中，而<header>和<footer>中的内容在路由改变时不会有任何变化。

ng-view 是由 ngRoute 模块提供的一个特殊指令，它的独特作用是在 HTML 中给$route 对应的视图占位。

10.3.5　路由

在讲述路由（Route）之前，再来回顾下什么是单页面应用。所谓单页面应用，是指在一个页面上内嵌了多种功能，甚至整个应用就只有一个页面，所有的业务功能都是它的子模块，通过特定的方式加载到主界面上，它是 AJAX 技术的进一步升华，把 AJAX 的无刷新机制发挥到了淋漓尽致的地步，从而能够打造出与桌面程序相媲美的用户体验。

从中不难看出，对于单页面应用来说，从一个视图跳转到另外一个视图是多么重要，尤其是当应用变得越来越复杂时，我们需要一个合理的方式来管理这些视图，而这项技术就是路由。

我们可以把这些模板分解到视图中，并在布局内进行重构。具体来说，可以由 AngularJS 的$route 所提供的$routeProvider 声明路由，从而在不同视图之间实现跳转。

从 1.2 版本开始，AngularJS 将 ngRoute 从核心代码剥离出来，从而成为了一个独立的模块，我们需要单独引用它，才能够在 AngularJS 应用中正常地使用路由功能。ngRoute 所对应的官方静态资源库如下。

```
<script src="https://ajax.googleapis.com/ajax/libs/angularjs/1.2.25/
                                 angular-route.min.js"></script>
```

我们来创建一个路由，代码如下。

```
<script>
var app = angular.module('app', ['ngRoute'])
  app.config(['$routeProvider', function ($routeProvider) {
    $routeProvider
     .when('/', {
       templateUrl: '/todos.html',
       controller: 'TodoController'
     });
```

```
}]);
</script>
```

代码这么一改，控制器和路由均发生了变化。什么时候调用 TodoController 取决于当前的路由请求。接下来，就要用到 ng-view 了，ng-view 的用法很简单，只需要在 HTML 页面中的 body 内写上如下一行代码即可。

```
<div ng-view> </div>
```

$routeProvider 服务调用 ng-view 这条指令来渲染 HTML 页面。每当 URL 请求发生变化时，它都为这个 ng-view 占位符注入一个新的 HTML 模板和控制器，模板和控制器总是成对出现的。同时，还得留意 AngularJS 所声明的 Module 名字与<html ng-app>的调用保持一致。

加了路由之后的完整代码如下。

```
!DOCTYPE html>
<html ng-app ='app' >
<head>
    <title> Hello World in AngularJS </title>
    <script src="http://apps.bdimg.com/libs/angular.js/1.4.6/angular.min.js">
                                                                </script>
 <script src="http://apps.bdimg.com/libs/angular.js/1.4.6/
                                        angular-route.min.js"></script>
</head>
<body>
 <div ng-view> </div>
 <script type="text/ng-template" id="/todos.html">
    <ul>
      <li ng-repeat="todo in todos">
        <input type="checkbox" ng-model="todo.completed">
        {{ todo.name }}
      </li>
    </ul>
 </script>
 <script>
 var app = angular.module('app', ['ngRoute'])
  app.config(['$routeProvider', function ($routeProvider) {
  $routeProvider
    .when('/', {
      templateUrl: '/todos.html',
      controller: 'TodoController'
    });
}]);

 app.controller ('TodoController' , ['$scope', function ($scope) {
  $scope.todos = [
```

```
        { name: 'Master HTML/CSS/Javascript', completed: true },
        { name: 'Learn AngularJS', completed: false },
        { name: 'Build NodeJS backend', completed: false },
        { name: 'Get started with ExpressJS', completed: false },
        { name: 'Setup MongoDB database', completed: false },
        { name: 'Be awesome!', completed: false },
      ]
    }]);
 </script>
</body>
</html>
```

 知识点:

路由的应用: 模板视图、控制器、路由,三者密不可分。路由的定义又是控制器文件中的一部分,每个路由表示一个 URL,控制器关联一个路由和一个模板视图。当 AngularJS 发现一个路由改变时,它就会加载关联的模板视图,并将控制器加载给它,同时替换 ng-view 为该视图模板的内容。

10.3.6　工厂方法

刚才,在控制器中创建并初始化了一个对象$scope.todos,但我们无法在另外一个控制器中调用这个$scope.todos 对象。如果希望一个对象在很多地方都可以被调用,有过设计模式经验的开发者自然会想到,创建一个单例对象就好了。不错,在 AngularJS 中,我们把单例对象称为 Service。Services 作为单例对象,在需要的时候被创建,而且只有在应用生命周期结束时才会被清除。

在 AngularJS 里面,创建 Service 最简单的方式是使用 factory()方法,通过 factory()方法返回了一个包含 Service 方法和属性的对象,然后将 Service 作为一个依赖注入控制器中。

声明一个 factory()方法的完整代码如下。

```
<!DOCTYPE html>
<html ng-app ='app' >
<head>
   <title> Hello World in AngularJS </title>
   <script src="http://apps.bdimg.com/libs/angular.js/1.4.6/angular.min.js">
                                                         </script>
 <script src="http://apps.bdimg.com/libs/angular.js/1.4.6/
                                 angular-route.min.js"></script>
</head>
<body>
 <div ng-view >  </div>
```

```html
<script type="text/ng-template" id="/todos.html">
  <ul>
    <li ng-repeat="todo in todos">
      <input type="checkbox" ng-model="todo.completed">
      {{ todo.name }}
    </li>
  </ul>
</script>
<script>
  var app = angular.module('app', ['ngRoute']);
  app.factory('Todos', function() {
    return [
      { name: 'Master HTML/CSS/Javascript', completed: true },
      { name: 'Learn AngularJS', completed: false },
      { name: 'Build NodeJS backend', completed: false },
      { name: 'Get started with ExpressJS', completed: false },
      { name: 'Setup MongoDB database', completed: false },
      { name: 'Be awesome!', completed: false },
    ];
  });
  app.config(['$routeProvider', function ($routeProvider) {
    $routeProvider
      .when('/', {
        templateUrl: '/todos.html',
        controller: 'TodoController'
      });
  }]);

  app.controller ('TodoController' , ['$scope', 'Todos', function ($scope, Todos)
{
    $scope.todos = Todos;
  }]);
</script>
</body>
</html>
```

🧊 **代码解读**

我们在控制器中注入了一个依赖 Todos，通过这种依赖注入的方式，即使后面有多个控制器，都可以调用这个 Todos 对象。这种依赖注入机制不仅适用于初始化一个对象，还可以通过依赖注入的方式调用 $http，以及更多地用于 RESTful API 的 $resource。

再次运行一下，刷新浏览器，效果如图 10-5 所示。

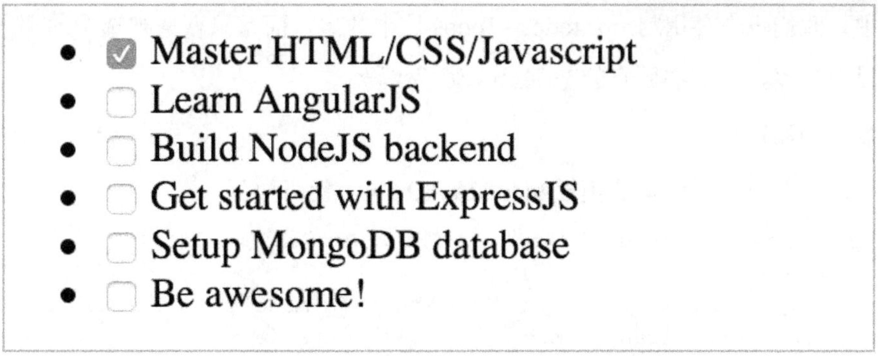

- ☑ Master HTML/CSS/Javascript
- ☐ Learn AngularJS
- ☐ Build NodeJS backend
- ☐ Get started with ExpressJS
- ☐ Setup MongoDB database
- ☐ Be awesome!

图 10-5 通过依赖注入模式改进后的效果

尽管呈现的效果与之前一样，但它的框架发生了很大的变化，代码变得更加优雅，而且在无意中掌握了一种最常用的设计模式，它就是我们常说的工厂方法。

10.3.7 页面跳转

我们要为首页的每一项添加一个链接，当单击某一项时，跳转到它的详情页面。为实现这个功能，我们需要再创建一个控制器（Controller）、模板（Template）和路由（Route）。只要涉及页面跳转，在跳转过去之后，还得考虑怎么返回来。对应这个应用实例来说，我们希望通过单击浏览器自身的返回按钮跳转到首页。

下面梳理下实现的思路。

（1）视图：在 HTML 页面中，我们要再创建一个模板，命名为 todoDetails.html，它的作用是呈现详情页面。

（2）为 todos.html 文件中的每一项添加一个链接，单击这个链接，跳转到 todo 详情页面。为了实现这个功能，我们需要获取到哪一项被选中的信息，因为所有的项都在数组中，AngularJS 提供了一个相应的服务，这就是$index。在 HTML 网页中，通过添加<a>标签实现超级链接，具体代码如下。

```
<a href="#/{{$index}}">{{todo.name}}</a>
```

关于$index 的应用，后续章节有详尽的介绍。

（1）路由：我们需要再创建一个路由$routeProvider，它对应着一个新的控制器（TodoDetailCtrl）和模板（todoDetails.html）。当浏览器地址栏中请求 URL 带有 ":id" 时，我们可以通过$routeParams 获取到这个 id。

（2）控制器：新创建一个控制器（TodoDetailCtrl）。与上一个控制器类似，在这里我们注入几个依赖：$scope、Todos（factory 方法），以及用来获取 id 参数的$routeParams。在新创建的控制器中，我们没有使用$scope.todos= Todos 这个数组，而是只获取被选中的那一项。

按照以上思路，我们在原有的基础上改动了代码。

第一步：创建模板

在首页，创建一个详情页的模板 todoDetails.html，代码如下。

```
<script type="text/ng-template" id="/todoDetails.html">
    <h1>{{ todo.name }}</h1>
    completed: <input type="checkbox" ng-model="todo.completed">
    note: <textarea>{{ todo.note }}</textarea>
</script>
```

第二步：创建路由

创建一个网络请求的 URL，当浏览器的请求路径中带有 id 参数时，进入详情页面，代码如下。

```
.when('/:id',{
    templateUrl: '/todoDetails.html',
    controller: 'TodoDetailCtrl'
});
```

第三步：创建控制器

创建对应的控制器 TodoDetailCtrl，该控制器自动与 todoDetails.html 进行绑定，代码如下。

```
app.controller('TodoDetailCtrl', ['$scope', '$routeParams', 'Todos',
function ($scope, $routeParams, Todos) {
    $scope.todo = Todos[$routeParams.id];
}]);
```

再来运行下，刷新浏览器，首页显示效果如图 10-6 所示。

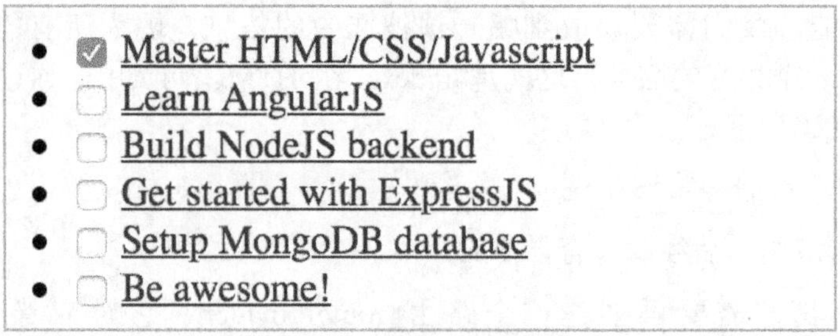

- ☑ <u>Master HTML/CSS/Javascript</u>
- ☐ <u>Learn AngularJS</u>
- ☐ <u>Build NodeJS backend</u>
- ☐ <u>Get started with ExpressJS</u>
- ☐ <u>Setup MongoDB database</u>
- ☐ <u>Be awesome!</u>

图 10-6　首页展示效果

当单击首页的某一项时，会跳转到该项所对应的详情页面。例如，单击第二项（Learn AngularJS）它所跳转到的详情页面如图 10-7 所示。

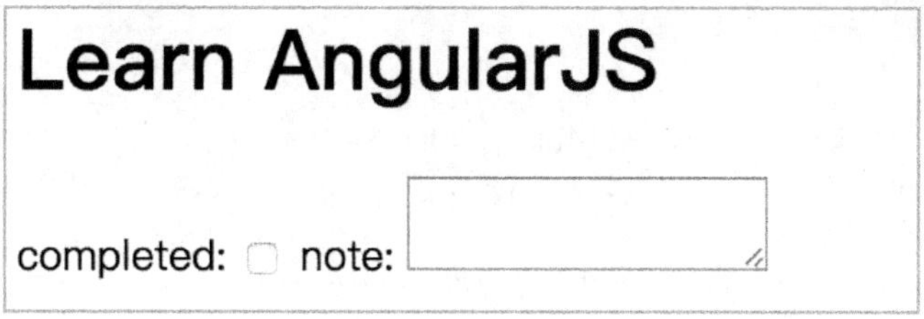

Learn AngularJS

completed: ☐ note: [　　　　]

图 10-7　详情页面

如果留意浏览器地址栏，你会发现，当单击首页的某一项时，地址栏也会发生相应的变化。例如，单击第一项（Master HTML/CSS/Javascript），地址栏出现"/index.html#/0"；单击第二项（Learn AngularJS），地址栏会出现"/index.html#/1"。

这就是说，"/:id"就是所选数组的下标，从 0 开始。当单击浏览器左上角的返回按钮时，回到首页。

我们已经实现了从首页跳转到一个详情页面，尽管页面本身看上去有些简陋。至此，关于AngularJS 的技术点已经用到了很多。也许你在调试过程中不是很顺利，没关系，这里给出了完整的代码，用来参考和对比。

```
<!DOCTYPE html>
<html ng-app ='app' >
<head>
    <title> Hello World in AngularJS </title>
    <script src="http://apps.bdimg.com/libs/angular.js/1.4.6/angular.min.js">
                                                         </script>
    <script src="http://apps.bdimg.com/libs/angular.js/1.4.6/
                                   angular-route.min.js"></script>
</head>
<body>
 <div ng-view >  </div>
    <script type="text/ng-template" id="/todos.html">
    <ul>
       <li ng-repeat="todo in todos">
          <input type="checkbox" ng-model="todo.completed">
          <a href="#/{{$index}}">{{todo.name}}</a>
       </li>
    </ul>
    </script>
    <script type="text/ng-template" id="/todoDetails.html">
    <h1>{{ todo.name }}</h1>
    completed: <input type="checkbox" ng-model="todo.completed">
    note: <textarea>{{ todo.note }}</textarea>
```

```
    </script>
    <script>
    var app = angular.module('app', ['ngRoute']);
    app.factory('Todos', function() {
        return [
            { name: 'Master HTML/CSS/Javascript', completed: true },
            { name: 'Learn AngularJS', completed: false },
            { name: 'Build NodeJS backend', completed: false },
            { name: 'Get started with ExpressJS', completed: false },
            { name: 'Setup MongoDB database', completed: false },
            { name: 'Be awesome!', completed: false },
        ];
    });
    app.config(['$routeProvider', function ($routeProvider) {
    $routeProvider.
    when('/', {
        templateUrl: '/todos.html',
        controller: 'TodoController'
    }).
    when('/:id', {
        templateUrl: '/todoDetails.html',
        controller: 'TodoDetailCtrl'
    });
}]);
app.controller('TodoController', ['$scope', 'Todos', function ($scope, Todos)
{
    $scope.todos = Todos;
}]);
app.controller('TodoDetailCtrl', ['$scope', '$routeParams', 'Todos', function
($scope, $routeParams, Todos)
    {
    $scope.todo = Todos[$routeParams.id];
}]);
</script>
    </body>
</html>
```

10.3.8 $routeProvider

$routeProvider 是 AngularJS 常用的一个服务，具体来说，它是一个提供了路由表的服务，它有两个核心方法：when (path, route)和 otherwise(params)。先来看一下它的最核心的方法 when(path，route)方法，该方法接收两个参数。

第一个参数是 path。path 是一个字符串类型，表示该路由规则所匹配的路径，它将与浏览器地址栏的内容（$location.path）值进行匹配。如果需要匹配参数，可以在 path 中使用冒号加名称的方式，如 path 为 "/user/:id"，如果浏览器地址栏是 "/user/123"，那么参数 id 和所对应的值 123 便会保存在$routeParams 中，如 "{id: 123}"。

第二个参数是 route。route 参数是一个 object，用来指定当 path 匹配后所需的一系列配置项，包括以下内容。

- controller：function 或 string 类型，在当前模板上执行的 controller 函数。
- controllerAs：string 类型，为 controller 指定别名 template//string 或 function 类型，视图所用的模板，这部分内容将被 ngView 引用。
- templateUrl：string 或 function 类型，当视图模板为单独的 HTML 文件或是使用了<script type="text/ng-template">定义模板时使用。
- resolve：指定当前 controller 所依赖的其他模块。
- redirectTo：重定向的地址。

route 参数不仅仅是个对象，而且是个 JSON 格式对象。以上 route 参数，最常用的是 templateUrl、controller 和 redirectTo。

在我们这个示例中，路由配置项用到了 templateUrl 和 controller，代码如下。

```
app.config(['$routeProvider', function ($routeProvider)
{
    $routeProvider
    .when('/', {
        templateUrl: '/todos.html',
        controller: 'TodoController'
    })
    .when('/:id', {
        templateUrl: '/todoDetails.html',
        controller: 'TodoDetailCtrl'
    });
}]);
```

其实，还应该有个默认的配置项——redirectTo。当浏览器地址栏与前几个 path 都匹配不上时，需要重定向（redirectTo）到一个默认的模板中。

小贴士：

当调用 when 方法时，一定要注意.when 的用法。我们注意到 when 方法被多次调用，两个when 方法之间，不能使用分号 ";" 隔开，when 与 when 之间还是点调用。为避免出现歧义，还有另一种写法，以此避免在调用第一个 when 时出现分号。

```
app.config(['$routeProvider', function ($routeProvider)
```

```
{
    $routeProvider.
    when('/', {
        templateUrl: '/todos.html',
        controller: 'TodoController'
    }).
    when('/:id', {
        templateUrl: '/todoDetails.html',
        controller: 'TodoDetailCtrl'
    });
}]);
```

10.3.9　过滤器

当前的首页是一个列表，我们可以试想下，对于一个很长的列表来说，我们希望有一个搜索框，快速找到想要的那一项。对于 AngularJS 而言，只需要加载一个过滤器即可。

在开始编码之前，我们先来了解一下 AngularJS 的过滤器。

当数据展示给用户时，我们有时候希望对数据的格式进行处理，以一定的格式来展示。AngularJS 有很多实用的内置过滤器，根据给定的应用场景，这些过滤器拿来就能用。

具体使用方法是：在 HTML 中的模板绑定符号{{ }}内，通过"|"符号来调用过滤器。例如，假如我们希望将字符串转换成大写，可以对字符串中的每个字符都单独进行转换操作，也可以使用过滤器。

```
{{ name | uppercase }}
```

以 HTML 的形式使用过滤器时，如果需要要传递参数给过滤器，只需要在过滤器名字后面加冒号"："即可。AngularJS 提供了多个内置过滤器，如 currency 过滤器，可以将一个数值格式化为货币格式；又如 date 过滤器，可以将日期格式化成需要的格式。

我们着重看一下 filter 过滤器，filter 过滤器可以从给定的数组中选择一个子集，并将其生成一个新的数组返回，这个过滤器通常用来过滤需要进行展示的元素。例如，刚才看到的首页是一个列表，列表也就是一个数组，我们希望在搜索时，可以从一个数组中过滤出所需的结果。

filter 过滤器的第一个参数是字符串、对象或者一个用来从数组中选择元素的函数，传入不同类型的参数，过滤后返回的结果也不同。具体到这个示例，我们添加了一个过滤器，它的参数是一个字符串。

```
Search: <input type="text" ng-model="search">
<li ng-repeat="todo in todos | filter: search">
```

从中可以看出，过滤器的参数是一个字符串（search），而这个 search 又来自<input>所输入的内容。也就是说，添加了搜索框之后，首页所显示的列表是包含了输入框字符串的元素。

反之，如果我们想返回不包含该字符串的元素，在参数前面加"!"符号。

因为是在首页上显示搜索框，因此，只需改动"/todos.html"模板，代码如下。

```
<script type="text/ng-template" id="/todos.html">
    Search: <input type="text" ng-model="search">
    <ul>
        <li ng-repeat="todo in todos | filter: search">
            <input type="checkbox" ng-model="todo.completed">
            <a href="#/{{$index}}">{{todo.name}}</a>
        </li>
    </ul>
</script>
```

刷新浏览器，运行后的结果如图 10-8 所示。

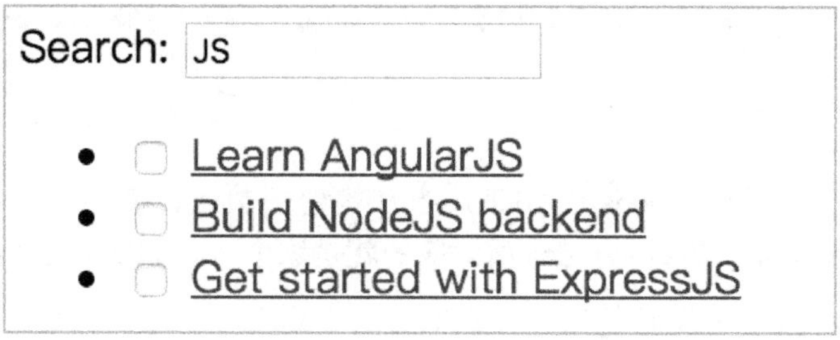

Search: JS

- ☐ Learn AngularJS
- ☐ Build NodeJS backend
- ☐ Get started with ExpressJS

图 10-8　添加 AngularJS 过滤器

在这个运行结果的基础上，我们继续下一步操作，单击第二项"Build NodeJS backend"，跳转到它的详情页面，如图 10-9 所示。

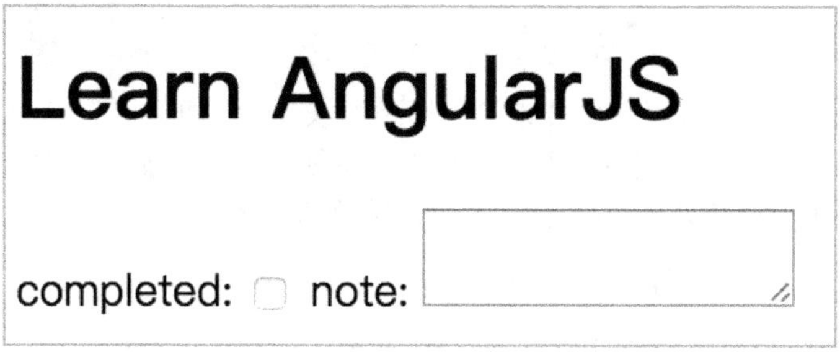

Learn AngularJS

completed: ☐ note:

图 10-9　添加 AngularJS 过滤器后引发的跳转问题

问题来了，这并不是我们所期望的详情页面。问题出在哪儿呢？还记得它的超级链接代码吗？

```
<a href="#/{{$index}}">{{todo.name}}</a>
```

估计你也猜出来了，问题很有可能是$index造成的。关于$index，我们有必要多花一些时间来理解它。

10.3.10　$index 的应用

在 AngularJS 中，只有用到 ng-repeat 的时候才看到$index。理论上讲，$index 是由 ng-repeat 创建的一个模板变量（Template Variable），它只在 repeat 块里面起作用，当我们把$index 值传到外面时，它就失去了上下文并不再有意义。

正常情况下，用$index 不会有什么问题，但需要注意的是，一旦与过滤器结合使用，$index 所对应的数组下标会发生变化，这个时候就要特别注意了。

我们回头再来看下这个示例，$index 所起到的作用表现在三个方面，代码片段如下。

```
app.controller('TodoController',['$scope','Todos',function($scope,Todos)
{
    $scope.todos = Todos;
}]);
```

先是获取到一个数组，Todos 是由工厂方法构建的数组，而网页上所显示的数组来自 $scope.todos。todos.html 中的数组 todos 所对应的就是这个 controller 中的$scope.todos。

有了数组对象，接下来我们在 HTML 页面上展示列表，而列表就是这个数组（Todos）所存储的对象，代码如下。

```
<ul>
    <li ng-repeat="todo in todos | filter: search">
        <input type="checkbox" ng-model="todo.completed">
        <a href="#/{{$index}}">{{todo.name}}</a>
    </li>
</ul>
```

$index 所对应的是数组的下标，如果没有用到滤波器，一切都很简单。对于静态数组来说，数组中的对象与下标是一一映射的关系，不会带来麻烦。而一旦加上了过滤器，就带来了不确定性。这是因为添加过滤后，$index 所对应的是过滤后的数组。

最后来看看详情页的实现，代码如下。

```
app.controller('TodoDetailCtrl', ['$scope', '$routeParams', 'Todos', function
($scope,  $routeParams, Todos)
{
    $scope.todo = Todos[$routeParams.id];
}]);
```

这里的所用到的数组依然是 Todos，这个数组还是初始化过来的，没有发生变化；而 $routeParams.id 所对应的是首页所用到的$index。问题就出在这里，因为加了过滤器，首页所展示的数组已经发生了变化，而这里却仍然在用初始化的数组，这就是问题产生的原因所在。

找到了原因，自然就能对症下药了。如果有一种方法，能够在详情页面中获取到首页过滤后的数组，这个问题就迎刃而解了。

那么，如何把 TodoController 生成的数组传给 TodoDetailCtrl 呢？从本质上讲，就是如何解决两个控制器之间的传值问题。

10.3.11　控制器之间的传值

在 AngularJS 中开发，基本上都会用到控制器之间的通信。对于像 AngularJS 这样的成熟框架，自然会提供多种通信机制。例如：

- 作用域继承：利用子控制器继承父控制器上的数据。
- 注入服务：把需要共享的数据注册为一个服务（Service），在需要的控制器中添加依赖注入。
- 基于事件：利用 AngularJS 的事件机制，使用$on、$emit 和$broadcast。

在以上三种方法中，作用域继承仅限于上下级之间的通信，而注入服务和基于事件的机制可以实现任意级别的控制器通信。

其实，我们已经无意中用到了 Service。在这个示例中，我们创建了一个 factory 方法。

```
app.factory('Todos', function() { … });
```

从本质上讲，这个 factory 方法就是一个简单的服务，正因为它是一个服务，我们才看到在两个控制器 TodoController 和 TodoDetailCtrl 中，都注入了 Todos 服务。

单例服务是 AngularJS 本身支持的数据和代码共享方式。因为是单例的，所有的控制器访问的便是同一份数据，从而可以很轻松地实现控制器之间的通信。

尽管控制器之间传值的方法有多种，但每种方法都有它的应用场景。而最简单的传值方法是借助于$rootScope。$rootScope 是怎样的一个概念呢？

10.3.12　$rootScope

$rootScope 的字面意思是根作用域。ng-app 为 AngularJS 应用创建$rootScope，任何具有 ng-app 属性的 DOM 元素将被标记为$rootScope 的起始点。既然$rootScope 是作用域链的起始点，那么，任何嵌套在 ng-app 内的指令都会继承它。

AngularJS 启动并生成视图时，会将根 ng-app 元素同$rootScope 进行绑定。$rootScope 是所有$scope 对象的最上层。

需要说明的是，$rootScope 是 AngularJS 中最接近全局作用域的对象。尽量不要在$rootScope 上附加太多的业务逻辑，这与"污染"JavaScript 全局作用域是一样的。

清楚了$rootScope概念，接下来我们看看如何借助$rootScope解决控制器之间的传值问题，代码如下。

```
app.controller ('TodoController', ['$rootScope','$scope', 'Todos','$filter',
function ($rootScope, $scope, Todos,$filter)
{
    $scope.todos = Todos;
    $rootScope.data =$filter('filter')($scope.todos, $scope.search);
}]);
    app.controller('TodoDetailCtrl', ['$rootScope','$scope', '$routeParams',
'Todos', function ($rootScope,$scope, $routeParams, Todos)
{
    $scope.todo = $rootScope.data[$routeParams.id];
}]);
```

代码解读

值得注意的是，要确保在依赖注入数组中添加$rootScope。

我们创建了一个根作用域对象$rootScope.data，用来存放过滤后的数组；在详情控制器（TodoDetailCtrl）中，通过$rootScope.data获取来自首页的数组，代码如下。

```
$scope.todo =$rootScope.data[$routeParams.id];
```

貌似可以传值了，刷新浏览器，看看是否达到了预期。结果发现，只要在首页的过滤器中输入了过滤的值，再跳转到详情页面，问题依然存在。这是怎么回事呢？

通过分析得知，只要过滤器的值发生变化，过滤后的数组也会发生改变。也就是说，我们需要把变化后的值传给详情控制器。这就用到了AngularJS的另一个概念——$watch的应用。

10.3.13　使用$watch监控数据模型的变化

在$scope内置的所有函数中，用得最多的可能就是$watch函数了。当数据模型中的某一部分发生变化时，$watch函数可以发出通知，这个通知就是回调函数。

在首页控制器中，我们要监听过滤器输入框的数据变化。这就要用到$watch函数。通过$watch方法，可以监听$scope上的某个属性。只要属性发生变化，就会调用对应的方法。当$scope上的某个属性发生变化时，可以触发$watch函数。

$watch函数原型为：

```
$scope.$watch(watchFn, watchAction, deepWatch);
```

每个参数的说明如下。

watchFn：被检测的对象，可以是以下任意一种。

- 某个数据，监测这个数据的值是否发生变化；
- 一条 AngularJS 表达式，监测表达式的结果是否发生变化；
- 某个函数，监测函数的返回值是否发生变化。

以上三种情况，无论是哪种，都应该是字符串格式，并且都在$scope 作用域下运行。

watchAction：这是一个函数或表达式，当 watchFn 发生变化时会被调用。如果是函数的形式，它将会接收到 watchFn 的新旧两个值，以及作用域对象的引用。

deepWatch：如果设置为 true，这个可选的布尔型参数将会命令 AngularJS 去检查被监控对象的每个属性是否发生了变化。如果想要监控数组中的元素，或者对象上的所有属性，而不只是监控一个简单的值，就可以使用这个参数。由于 AngularJS 需要遍历数组或者对象，如果集合比较大，那么运算负载就会比较重。

$watch 函数会返回一个函数，当不再需要接收变更通知时，可以用这个返回的函数注销监控器。

以上是关于$watch 的简介，接下来看下$watch 在该示例中的应用。在该实例中，要监测的对象是 search 输入框。

```
Search: <input type="text" ng-model="search">
<li ng-repeat="todo in todos | filter: search">
```

创建一个$watch 函数，如下。

```
app.controller ('TodoController', ['$rootScope','$scope', 'Todos','$filter',
function ($rootScope, $scope, Todos,$filter)
{
    $scope.todos = Todos;
    $scope.$watch('search',function(){
        $rootScope.data =$filter('filter')($scope.todos, $scope.search );
    });
}]);
```

再来刷新下浏览器，在首页的搜索框输入过滤字，并单击其中的任意一项，跳转到详情页面。正如我们所期望的那样，跳转的顺序是正确的。

最后，为便于对比前后代码的改动，我们把这个完整的文件代码贴在这里，如下所示。

```
<!DOCTYPE html>
<html ng-app ='app' >
<head>
    <title> Hello World in AngularJS </title>
    <script src="http://apps.bdimg.com/libs/angular.js/1.4.6/angular.min.js">
                                                                </script>
    <script src="http://apps.bdimg.com/libs/angular.js/1.4.6/
                                    angular-route.min.js"></script>
```

```html
  </head>
  <body>
      <div ng-view > </div>
      <script type="text/ng-template" id="/todos.html">
      Search: <input type="text" ng-model="search">
      <ul>
          <li ng-repeat="todo in todos | filter: search">
              <input type="checkbox" ng-model="todo.completed">
              <a href="#/{{$index}}">{{todo.name}}</a>
          </li>
      </ul>
  </script>
      <script type="text/ng-template" id="/todoDetails.html">
          <h1>{{ todo.name }}</h1>
          completed: <input type="checkbox" ng-model="todo.completed">
          note: <textarea>{{ todo.note }}</textarea>
      </script>
  <script>
      var app = angular.module('app', ['ngRoute']);
      app.factory('Todos', function() {
          return [
              { name: 'Master HTML/CSS/Javascript', completed: true },
              { name: 'Learn AngularJS', completed: false },
              { name: 'Build NodeJS backend', completed: false },
              { name: 'Get started with ExpressJS', completed: false },
              { name: 'Setup MongoDB database', completed: false },
              { name: 'Be awesome!', completed: false },
          ];
      });
      app.config(['$routeProvider', function ($routeProvider)
      {
          $routeProvider.
          when('/', {
              templateUrl: '/todos.html',
              controller: 'TodoController'
          }).
          when('/:id', {
              templateUrl: '/todoDetails.html',
              controller: 'TodoDetailCtrl'
          });
      }]);
      app.controller ('TodoController', ['$rootScope','$scope', 'Todos','$filter',
function ($rootScope, $scope, Todos,$filter)
      {
      $scope.todos = Todos;
      $scope.$watch('search',function()
```

```
        {
            $rootScope.data =$filter('filter')($scope.todos, $scope.search );
        });
    }]);
    app.controller('TodoDetailCtrl',['$rootScope','$scope','$routeParams',
'Todos', function ($rootScope,$scope, $routeParams, Todos)
    {
        $scope.todo = $rootScope.data[$routeParams.id];
    }]);
    </script>
</body>
</html>
```

本章的示例内容分为两部分：前半部分讲述 AngularJS 的应用，后半部（10.4 节到 10.6 节）将用到 Express、MongoDB 和 Node.js。

10.4 创建 Express 工程

我们要创建一个基于 EJS 模板引擎的 Express 工程，在终端窗口键入命令：

```
express --view=ejs todoApp
```

执行以上命令后，在终端窗口的最下端，出现一段提示信息，如下所示。

```
install dependencies:
$ cd todoApp && npm install
  run the app:
$ DEBUG=todoapp:* npm start
```

从字面意思可以看出，还需要安装它的依赖。我们注意到，$是终端指令提示符，需要执行的是后面的命令"cd todoApp && npm install"。它的意思是，需要进入到刚才新创建的工程下，再安装它的依赖。这个步骤可以一步完成，也可以分为两步：先执行"cd todoApp"，再执行"npm install"。

安装好所依赖的模块后，就可以执行这个应用了。执行的命令是什么呢？前面已经告诉我们了：

```
  run the app:
$ DEBUG=todoapp:* npm start
```

如果是调试模式，可以执行"DEBUG=todoapp:* npm start"，正常运行的话，只需要执行"npm start"即可。这个时候，我们所创建的应用已经启动了。在浏览器地址栏输入"http://localhost:3000"，就会出现以下窗口，如图 10-10 所示。

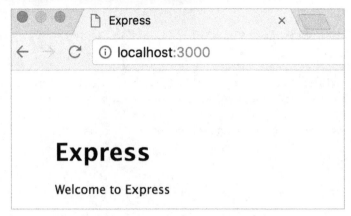

图 10-10　创建一个默认的 Express 工程

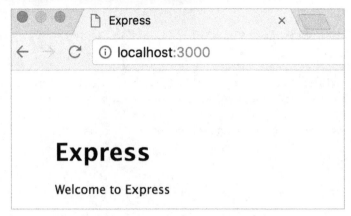 小贴士：

在操作中，要注意所创建工程的路径。如果你还不习惯终端指令，最好一边执行指令，一边在可视化文件管理器中查看执行的结果。依赖模块安装成功后，工程目录下会自动生成一个node_modules。

10.5　创建 MongoDB

10.5.1　连接 MongoDB

既然要连接 MongoDB，就需要用到 MongoDB 的驱动。在这个实例中，我们选择了一个最常用的驱动——mongoose。mongoose 本身并不是 Express 工程的标配，在 package.json 中没有这个模块依赖，因此需要单独安装它，安装的命令为

```
npm install mongoose --save
```

安装成功后，mongoose 会自动添加到 package.json 文件中，因为我们用到了“--save”。接下来，在 app.js 文件中添加与数据库连接相关的代码。

```
var mongoose = require('mongoose');            //load mongoose package
mongoose.Promise = global.Promise;            //Use native Node promises
//connect to MongoDB
mongoose.connect('mongodb://localhost/todo-api')
.then(() => console.log('connection succesful'))
.catch((err) => console.error(err));
```

这里创建了一个数据库，名为 todo-api。再来运行下，在终端窗口输入“npm start”，如果

开发环境正常的话，在终端窗口输出一个 log，如下所示。

```
connection succesful
```

10.5.2 创建 mongoose 的 model

在工程的根目录下，创建一个 models 文件夹，并在 models 下创建 Todo.js。创建文件夹和创建文件，可以在资源管理器中手动手动创建，也可以在终端窗口中通过命令来创建。例如，如果是 Mac OS 系统，则输入以下指令。

```
mkdir models
touch models/Todo.js
```

在 Todo.js 文件中，添加以下代码。

```
var mongoose = require('mongoose');
var TodoSchema = new mongoose.Schema({
    name: String,
    completed: Boolean,
    note: String,
    updated_at: { type: Date, default: Date.now },
});
module.exports = mongoose.model('Todo', TodoSchema);
```

10.6 创建 RESTful API

在 routes 路径下，新创建一个路由文件 todos.js，并在 app.js 文件中，加载 todos.js 路由模块，代码如下。

```
var todos = require('./routes/todos');
app.use('/todos', todos);
```

☆ 小贴士：

基于 EJS 创建的 Express 工程给我们带来了很大的便利，一个成形的路由机制已经就绪，我们只需按照同样的套路，就能很轻松地添加一个新的路由。这里要注意新增路由相关的代码所处的位置。

10.6.1 GET 请求

这里我们通过 GET 请求获取一个列表。继续完善路由，在"/routes/todos.js"文件中，添加以下代码。

```
var express = require('express');
var router = express.Router();
```

```
var mongoose = require('mongoose');
var Todo = require('../models/Todo.js');
/* GET /todos listing. */
router.get('/', function(req, res, next) {
    Todo.find(function (err, todos) {
        if (err) return next(err);
        res.json(todos);
    });c
});
module.exports = router;
```

这是一个基本的 GET 请求，其中的"router.get('/', callback)"表明浏览器地址请求的路径是"http://localhost:3000/todos"，如果 todo-api 数据库中有文档对象的话，应该返回所有的由 Todo model 创建的对象，如图 10-11 所示。

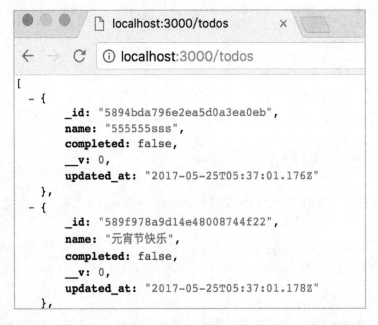

图 10-11　由 Model 创建的文档对象列表

10.6.2　POST 请求

通过 POST 请求，给数据库添加一个文档对象。我们继续添加路由代码，在"/routes/todos.js"文件中，添加以下代码。

```
/* POST /todos */
router.post('/', function(req, res, next)
{
```

```
Todo.create(req.body, function (err, post)
{
    if (err) return next(err);
    res.json(post);
});
});
```

既然要创建一个文档对象，那怎么生成这个对象呢？也许你已经注意到，代码中出现了 req.body，这个 req.body 对象是网页生成的，后续再来创建这个网页。这里用到了 router.post，这是 POST 请求方法。

10.6.3　查找指定的对象

如果想要查找一个指定的文档对象，应该用到 findById 方法，代码如下。

```
/* GET /todos/id */
router.get('/:id', function(req, res, next)
{
    Todo.findById(req.params.id, function (err, post)
    {
        if (err) return next(err);
        res.json(post);
    });
});
```

同样是 GET 请求，与上一个不同的是，这次的请求是带参数的，并且调用了 findById 方法和 req.params 参数。需要注意的是，这里的 req.params 与路由中的":id"是对应的。也可以这样理解：路由中的":id"只是一个占位符，当真的发生路由请求时，这个占位符":id"会被 req.params 替换掉。我们完全可以通过手动方式来模拟查询操作。比如，在浏览器地址栏中输入"http://localhost:3000/todos/589f978a9d14e48008744f22"，最后面的一串数字是就是文档对象的"_id"。我们是怎么知道这个"_id"的呢？这是因为在前面的 find 操作中，返回了所有的文档对象列表，从中随便挑选一个 id 即可，如图 10-12 所示。

```
←  →  C  ⓘ localhost:3000/todos/589f978a9d14e48008744f22
{
    _id: "589f978a9d14e48008744f22",
    name: "元宵节快乐",
    completed: false,
    __v: 0,
    updated_at: "2017-05-25T05:44:35.141Z"
}
```

图 10-12　查看指定文档对象的_id

10.6.4 更新

当需要更新一个指定的文档对象时，需要给出被更新的文档对象的 id。在"/routes/todos.js"文件中，添加以下代码。

```
/* PUT /todos/:id */
router.put('/:id', function(req, res, next)
{
    Todo.findByIdAndUpdate(req.params.id, req.body, function (err, post)
    {
        if (err) return next(err);
        res.json(post);
    });
});
```

这里再次出现 req.params.id，它的用法与上一个同理。

10.6.5 删除

谈到 RESTful API，我们都会说起增删改查（这只是朗朗上口），在代码实现时，通常把删除作为最后一个 API 来处理。在"/routes/todos.js"文件中，添加以下代码。

```
/* DELETE /todos/:id */
router.delete('/:id', function(req, res, next)
{
    Todo.findByIdAndRemove(req.params.id, req.body, function (err, post)
    {
        if (err) return next(err);
        res.json(post);
    });
});
```

删除的方法与 update 的方法极为相似，我们更新一个文档对象的方法是 findByIdAndUpdate，而删除的方法是 findByIdAndRemove。

一个完整的 RESTful API 就此实现完毕，接下来，就要看看它是如何被调用的。

10.7 构建 MEAN 工程

前面已经构建了一个 AngularJS 页面，也实现了一个完整的 RESTful API，如何将它们关联起来呢？这就要用到路由。

10.7.1 路由

在以上所创建的 Express 工程中，已经存在一个默认的路由机制，我们再来回顾一下。

（1）app.js 文件加载所有的路由，代码如下。

```
//app.js
var index = require('./routes/index');
app.use('/', index);

//routes/index.js
router.get('/', function(req, res, next)
{
    res.render('index', { title: 'Express' });
});

//views/index.ejs
<body>
    <h1><%= title %></h1>
    <p>Welcome to <%= title %></p>
</body>
```

（2）根路径"/"所对应的路由文件是"routes/index.js"。

（3）"routes/index.js"所返回的渲染视图是 index.ejs。

再来看一下运行结果，如图 10-13 所示，这个页面的内容来自哪里呢？

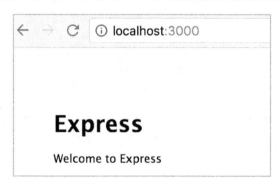

图 10-13　首页所展示的内容

这个首页的效果恰恰就是 index.ejs。如果想改动首页，只需修改这个 index.ejs 文件即可。

之前已经实现了一个完整的 HTML 文件，把它复制到 index.ejs 文件中，无须做其他改动，只需要刷新一下浏览器，就会看到整个首页大改版，如图 10-14 所示。

这说明，把一个 AngularJS 页面内嵌到 Express 工程中是多么地简单和自然。这个页面只是一个静态的页面，也就是说，它的首页列表是不变的。我们所期望是一个可以很方便地实现增删改查的页面，这就要把静态的数据改为动态的数据，具体到技术实现上，这些数据应该来自后台数据库，而不是前端页面的硬编码（Hard Code）。

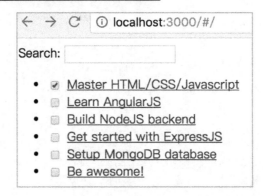

图 10-14　首页改动后的效果

之前，我们花大力气所创建的那套完整的 RESTful API，就是为解决动态数据做准备的。

10.7.2　构建动态页面

当前的首页列表来自一个 factory 方法，在这个方法中初始化了一个数组，而这个数组是固定的，代码如下。

```
app.factory('Todos', function()
{
    return [
        { name: 'Master HTML/CSS/Javascript', completed: true },
        { name: 'Learn AngularJS', completed: false },
        { name: 'Build NodeJS backend', completed: false },
        { name: 'Get started with ExpressJS', completed: false },
        { name: 'Setup MongoDB database', completed: false },
        { name: 'Be awesome!', completed: false },
    ];
});
```

我们要通过 RESTful API，把这个静态的工厂（factory）方法改为动态的，这就要用到 AngularJS 的一个核心服务——$http。我们先来了解一下$http 的概念。

10.7.3　$http 的应用

$http 是 AngularJS 的内置服务，通过它可以直接与后台服务器进行通信。$http 只是简单地封装了浏览器原生的 XMLHttpRequest 对象。$http 服务是只能接收一个参数的函数，这个参数是一个对象，包含了用来生成 HTTP 请求的配置内容。这个函数返回一个 Promise 对象，具有 success 和 error 两个方法。

$http 最基本的使用场景代码如下。

```
$http({method: 'GET', url: '/todos'}).
success(function(data, status, headers, config)
{
    //这是一个异步调用的回调函数
    //当服务器正常返回数据时，触发这个回调函数

    console.log('todos: ', data );
}).
error(function(data, status, headers, config)
{
    //如果后台返回出现错误，触发这个回调函数
    //或后台返回的状态出现错误时，调用 error 函数
    console.log('error', data);
});
```

$http 还提供了一些快捷调用方法，这些方法简化了复杂设置，只需要提供 URL 和 HTTP 方法即可。使用这些快捷方法，可以将上面$http 的 GET 请求改为

```
$http.get('/todos')
```

常用的快捷方法如下。

（1）get()：这个方法是发送 GET 请求的快捷方式，get()函数可以接收两个参数。

● url（字符串）：一个绝对或相对路径的 URL，代表请求的目的地。

● config（可选，对象）：这是一个可选的设置对象。

get()方法返回的是一个 HttpPromise 对象

（2）post()：这是用来发送 POST 请求的快捷方式，post()函数可以接收三个参数。

● url（字符串）：一个绝对或相对路径的 URL，代表请求的目的地。

● data（对象后字符串）：这个对象包含请求的数据。

● config（可选，对象）：这是一个可选的设置对象。

post()方法返回的是一个 HttpPromise 对象

接下来，我们先用$http.get()方法重构这个示例中的工厂方法。

10.7.4　基于$http 的工厂方法

我们要通过 RESTful API 来重构这个示例中的工厂方法，代码如下。

```
app.factory('Todos', ['$http', function($http)
{
    return $http.get('/todos');
}]);
```

我们注意到，重构后的工厂方法变得简单了很多，即"$http.get('/todos')"。这只是对 RESTful

API 的调用，真正起作用的是 RESTful API 中 GET 请求，代码如下。

```
router.get('/', function(req, res, next)
{
    Todo.find(function (err, todos)
    {
        if (err) return next(err);
        res.json(todos);
    });
});
```

为了验证 RESTful API 的作用，可以先把这个 API 注释掉，这时候再来运行，结果会报错，信息如下。

> ⊗ ▶GET http://localhost:3000/todos 404 (Not Found)

404（Not Found）表明没有找到这个请求的 API，从而验证了 RESTful API 所起到的作用是多么重要。

通过对 factory 方法的重构，可以直接访问服务器的数据，我们再来看看如何使用 RESTful API。

10.7.5 RESTful API 的调用

前面创建一个 factory 服务（Todos），接下来，通过依赖注入的方式调用这个服务，代码如下。

```
app.controller('TodoController',['$scope', 'Todos', function ($scope, Todos)
{
    Todos.success(function(data)
    {
        $scope.todos = data;
    }).error(function(data, status){
        console.log(data, status);
        $scope.todos = [];
    });
}]);
```

前面介绍过，$http 服务返回的是一个 Promise 对象，Promise 具有两个方法：success 和 error，因此，可以在首页控制器中直接调用 Todos.success()。

把服务器返回的数据赋值给 $scope.todos。保存代码的改动，通过终端退出当前的服务（CTRL+C），在重启启动（命令为 npm start），在浏览器地址栏输入 "http://localhost:3000/"。正常情况下，首页所呈现的数据来自后台数据库。

试着在首页单击一项，跳转到详情页面。我们注意到，首页的数据并没有传过去。这是因为，我们还没有处理 TodoDetailCtrl。接下来，看看如何解决页面之间数据的传递问题。

10.7.6　基于 $resource 的工厂方法

$http 是一种快捷的网络请求服务,除此之外,AngularJS 还提供了另外一个服务——$resouce。$resouce 对$http 做了一层封装,用它来处理 RESTful API 会更加快捷。

需要注意的是,$resouce 不在 AngularJS 的核心库中,在用到$resouce 时,需要单独添加它的静态资源库,方法如下。

```
<scriptsrc="http://apps.bdimg.com/libs/angular.js/1.4.6/
                                    angular-resource.min.js"></script>
```

不仅仅是添加它的静态资源库,还要添加对 ngResource 的依赖。

```
var app=angular.module('app', ['ngRoute', 'ngResource']);
```

基于$resouce 重构 factory 方法,代码如下。

```
app.factory('Todos', ['$resource', function($resource)
{
    return $resource('/todos/:id', null, {
        'update': { method:'PUT' }
    });
}]);
```

这里用到了$resource 服务,$resource 服务本身是一个创建资源对象的工厂,它所返回的$resource 对象中,包含了同后台服务器进行交互的高层 API。

factory 方法重构后,对 factory 方法的调用也要做相应的变化,代码如下。

```
app.controller('TodoController',['$scope', 'Todos', function ($scope,Todos)
{
    $scope.todos = Todos.query();
}]);
```

一个页面要经过多次的渲染才能完成。刚开始,$scope.todos 数据为空,这时候是一个空白的页面,当获取到 Todos.query()返回的对象时,首页会再次被渲染,呈现出一个带有数据的页面。

在整个示例中,我们边修改边验证。再来运行一下,看看结果。我们注意到,首页展示的效果还是一样的,但它的实现方式简练了很多,代码量也大大减少了。

至此,我们已经实现了一个查询功能,接下来我们看看如何创建一个新的文档对象。

10.7.7　创建一条记录

我们知道,MongoDB 没有"记录"的概念,尽管如此,有时我们还会说起"记录",这是为了便于理解。在 MongoDB 中,所谓创建一条记录就是给数据库新增一个文档对象。具体到页面设计,该怎么做呢?

在首页创建一个输入框和一个提交按钮，当单击提交按钮后，通过 POST 请求将对象提交给后台数据库，同时添加到$scope 中，并在首页上把新创建的对象显示出来。

先来构建页面，我们仍然使用内嵌的模板 "id="/todos.html"" 和 "id="/todoDetails.html""，它们不是单独的 HTML 文件，而是通过 ng-template 创建的视图模板。

在 "id="/todos.html"" 模板的后面位置添加一行代码，如下。

```
New task <input type="text" ng-model="newTodo"><button ng-click="save()"
                                            >Create</button>
```

新增的这个视图再简单不过了，效果如图 10-15 所示。

New task [   ] Create

图 10-15　新增一个文档对象

这行代码中，添加了一个对象（ng-model）和一个方法（ng-click）。当单击 "Create" 按钮时，会调用所对应控制器中的方法："$scope.save = function() { … };"。修改首页的控制器，代码如下。

```
app.controller('TodoController', ['$scope', 'Todos', function ($scope, Todos)
{
    $scope.todos = Todos.query();
    $scope.save = function()
    {
        if(!$scope.newTodo || $scope.newTodo.length < 1) return;
        var todo = new Todos({ name: $scope.newTodo, completed: false });
        todo.$save(function()
        {
            $scope.todos.push(todo);
            $scope.newTodo = ''; //清空输入框
        });
    }
}])
```

📦 代码解读

在获取后台数据方面，调用了$resoruce 的方法 query()，代码如下。

```
$scope.todos= Todos.query();
```

既然$service 是对$http 的高一级封装，那么$service 的应用会更加简单。如果用$http 完成一个 GET 请求，代码以下这个样子。

```
$http({method: 'GET', url: '/todos'})
```

$resource 已经封装好的方法有：

```
{
    'get':    {method:'GET'},                //读取一条记录
    'save':   {method:'POST'},               //创建一条记录
    'query':  {method:'GET', isArray:true},  //读取所有的记录列表
    'remove': {method:'DELETE'},             //移除一条记录
    'delete': {method:'DELETE'}              //删除一条记录，与移除方法一样
};
```

如果留意，你会发现缺少了一个方法，它就是 update。update 方法对应的是"{ method:'PUT' }"。为了补充这个 update 方法，我们在 factory 方法创建时，特意加上了这个 action，代码如下。

```
app.factory('Todos', ['$resource', function($resource)
{
    return $resource('/todos/:id', null,
    {
        'update': { method:'PUT' }
    });
}]);
```

$resource 提供了多种方法，那么如何调用这些方法呢？首先获取$resource 的实例，分以下几种情况来调用。

- GET 请求：resource.get([parameters], [success], [error])。
- 非 GET 请求：resource.action([parameters],postData, [success], [error])。
- 非 GET 请求：resourceInstance.$action([parameters], [success], [error])。

回头再来看看这段代码。代码的重点在于$scope.save 方法，它先对文本的输入做一个判断，如输入为空，则直接返回。当满足条件时，再报错到数据库中，代码如下。

```
var todo = new Todos({ name: $scope.newTodo, completed: false });
todo.$save(function()
{
    $scope.todos.push(todo);
    $scope.newTodo = '';                    //清空输入框
});
```

这里的 todo 是$resource 的一个实例（Instance），所以它调用的是$save 方法，而不是 save 方法。

10.7.8　查看记录详情

单击首页的某一项跳转到详情页面时，我们注意到详情页面是空白，要想显示文档对象的详情，需要获取到它的唯一的"_id"。我们不再使用之前的$index 了。

MongoDB 中的每一个文档对象在创建时，都会默认生成一个唯一的"_id"。修改"/todo.html"模板，代码如下。

```
<li ng-repeat="todo in todos | filter: search">
    <input type="checkbox" ng-model="todo.completed">
    <a href="#/{{todo._id}}">{{todo.name}}</a>
</li>
```

修改 TodoDetailCtrl 控制器代码，调用$resouce.get 方法。这里的$resource 指的是 Todos，一个由工厂方法生成的$resource，代码如下。

```
app.controller('TodoDetailCtrl', ['$scope', '$routeParams', 'Todos', function
($scope, $routeParams, Todos)
{
    $scope.todo = Todos.get({id: $routeParams.id });
}]);
```

之前的代码为：

```
$scope.todo = Todos[$routeParams.id];
```

它读取的是静态数据。改动后的代码为：

```
$scope.todo = Todos.get({id: $routeParams.id });
```

它是一个 GET 请求，从而获取来自数据库的记录。

至此，再来运行一下，重启服务，刷新浏览器。当单击首页的某一项时，跳转到详情页面，如图 10-16 所示。

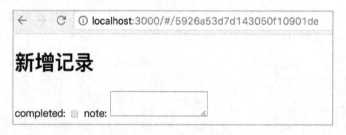

图 10-16　详情页面展示

尽管这个页面看上去很简单，但它的实现思路包括了视图、控制器、路由等一套完整的机制。我们再来梳理一下思路。

第一步：页面跳转，获取到被选中的记录的"_id"。

```
id="/todos.html 中, <a href="#/{{todo._id}}">{{todo.name}}</a>
```

第二步：在详情页面控制器中，调用 RESTful API。在 TodoDetailCtrl 控制器中，调用$resource 的 get 方法，代码如下。

```
$scope.todo = Todos.get({id: $routeParams.id });
```

通过 Todos.get 方法，把数据库中满足指定 id 的文档对象赋值给$scope.todo，而详情页面所展示的内容便是来自这个$scope.todo 对象。

第三步：RESTful API 的实现。

```
/* GET /todos/id */
router.get('/:id', function(req, res, next)
{
    Todo.findById(req.params.id, function (err, post)
    {
        if (err) return next(err);
        res.json(post);  //返回数据库中满足 id 的文档对象
    });
});
```

我们在工程一开始就实现了所有的 RESTful API，真正起到作用的时机是发生在$resouce 调用之时。这里的 router.get 方法与$resouce.get 方法是一脉相承的。

前面讲述了如何创建一条记录，如何查看一条记录的详情，接下来讲述如何更新一条记录。

10.7.9　更新记录

为了展示记录的更新，我们先来看两个 AngularJS 指令：ng-show 和 ng-change。

ng-show：这个指令基于提供的表达式，如果表达式在作用域内的值为 true，则显示该 HTML 元素；否则，它是隐藏的。

ng-change：用于监测数据的变量，当<input>输入的内容发生变化时，会触发 ng-change 方法。

为了实现对一条记录的编辑，需要有一个编辑按钮，当单击这个编辑按钮时，出现一个输入框，同时还得有一个保存修改的按钮和取消保存的按钮。为了有一个直观的认识，我们先把页面效果呈现在这里，如图 10-17 所示。

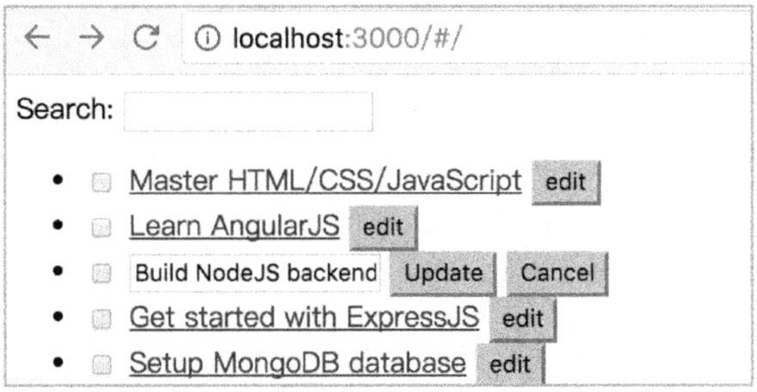

图 10-17　在首页列表中，添加"编辑"按钮

页面看上去还是很简陋，但相比之前，功能增加了不少，编辑、更新、取消都有了。

这个页面上，有些按钮（Update 和 Cancel）是动态出现的，当单击"edit"按钮后，才出现"Update"和"Cancel"按钮。这种时隐时现的效果，就要通过 ng-show 指令来实现。

修改"id="/todos.html""文件，代码如下。

```html
<script type="text/ng-template" id="/todos.html">
    Search: <input type="text" ng-model="search.name">
    <ul>
        <li ng-repeat="todo in todos | filter: search">
            <input type="checkbox" ng-model="todo.completed" ng-change=
                                                        "update($index)">
            <a ng-show="!editing[$index]" href="#/{{todo._id}}">{{todo.name}}</a>
                <button ng-show="!editing[$index]" ng-click="edit($index)">
                                                        edit</button>
            <input ng-show="editing[$index]" type="text" ng-model="todo.name">
                <button ng-show="editing[$index]" ng-click="update($index)">
                                                        Update</button>
                <button ng-show="editing[$index]" ng-click="cancel($index)">
                                                        Cancel</button>
        </li>
    </ul>
    New task <input type="text" ng-model="newTodo"><button ng-click="save()">
                                                        Create</button>
</script>
    <script type="text/ng-template" id="/todoDetails.html">
        <h1>{{ todo.name }}</h1>
        completed: <input type="checkbox" ng-model="todo.completed">
        note: <textarea>{{ todo.note }}</textarea>
    </script>
 <script>
```

接下来修改对应的控制器（TodoController），新增的代码如下。

```javascript
app.controller('TodoController', ['$scope', 'Todos', function ($scope, Todos)
{
    $scope.editing = [];                    //初始化一个数组
    $scope.todos = Todos.query();           //获取首页列表数据
    $scope.save = function(){ ... }         //新增一条记录

    //Update 按钮对应的方法
    $scope.update = function(index)
    {
        var todo = $scope.todos[index];
        Todos.update({id: todo._id}, todo);
        $scope.editing[index] = false;
```

```
    }

    //edit 按钮对应的方法
    $scope.edit = function(index)
    {
        $scope.editing[index] = angular.copy($scope.todos[index]);
    }

    //Cancel 按钮对应的方法
    $scope.cancel = function(index)
    {
        $scope.todos[index] = angular.copy($scope.editing[index]);
        $scope.editing[index] = false;
    }
}
```

在创建这三个按钮方法时，我们用到了 index 参数，这是因为按钮与记录是一一对应的。在 ng-repeat 中，呈现的是一个列表数组，而数组中的每条记录所对应的下标就是 index。

首页有三个按钮（edit、Update、Cancel）是动态显示的，怎么来控制它们的顺序呢？这就要在控制器方法中添加一个新的变量 "$scope.editing = [];"，在控制器方法中设置 editing[$index]的值，在模板中通过对应的 ng-show 指令来联动。

```
ng-show="!editing[$index]"
```

不仅可以控制按钮的状态，而且还可以控制是否显示超级链接。当某一项处于编辑状态时，该项的<a>标签应该失效。

```
<a ng-show="!editing[$index]" href="#/{{todo._id}}">{{todo.name}}</a>
```

在实际项目中，除了在首页可以更新某条记录外，在它的详情页面也可以进行更新操作。在 "id="/todoDetails.html"" 模板中，添加以下代码。

```
<script type="text/ng-template" id="/todoDetails.html">
    <h1>{{ todo.name }}</h1>
    completed: <input type="checkbox" ng-model="todo.completed"><br>
    note: <textarea ng-model="todo.note"></textarea><br><br>
    <button ng-click="update()">Update</button>
    <a href="/">Cancel</a>
</script>
```

代码解读

我们在详情页面添加了一个更新按钮（Update），并定义了该按钮的单击事件

"ng-click="update()""。同时，在详情页面添加了一个"Cancel"按钮，单击"Cancel"按钮，返回到首页。

```
<a href="/">Cancel</a>
```

页面构建好了，接下来修改它所对应的控制器（TodoDetailCtrl），代码如下。

```
app.controller('TodoDetailCtrl', ['$scope','$routeParams','Todos','$location',
function ($scope, $routeParams, Todos, $location)
{
    $scope.todo = Todos.get({id: $routeParams.id });
    $scope.update = function()
    {
        Todos.update({id: $scope.todo._id}, $scope.todo, function()
        {
            $location.url('/');
        });
    }
}]);
```

通常，在页面跳转的同时总会伴随着数据的传递，之前传递的是$index，一不小心就会出现差错。这次，我们要通过文档对象的_id来传递，因为这个_id值是唯一的，不会产生歧义。

为了有一个更好的用户体验，我们希望在单击"Update"按钮后，自动返回到首页，通过路由的设置，可以灵活地实现跳转。

```
$location.url('/');  //返回到根路径所在的页面
```

10.7.10 删除记录

前面已经实现了增、改、查，接下来，我们看下如何实现记录的删除。在这个示例中，我们一直延续着这样的实现思路：先构建页面（视图），再实现控制器和路由。

第一步：页面构建

在首页添加一个删除按钮（remove）。修改"id="/todos.html""文件，代码如下。

```
<button ng-show="!editing[$index]" ng-click=" remove($index)">remove</button>
```

按照同样的思路，在详情页添加一个删除按钮（remove）。修改"id="/todoDetails.html""文件，代码如下。

```
<button ng-click="remove()">Remove</button>
```

第二步：添加控制器方法

不管是首页还是详情页，当单击"remove"按钮时，触发 ng-click="remove()方法。在控制器（TodoController）中，添加一个remove()方法，代码如下。

```
$scope.remove = function(index)
{
    var todo = $scope.todos[index];
    Todos.remove({id: todo._id}, function()
    {
        $scope.todos.splice(index, 1);
    });
};
```

从代码中可以看出，删除操作分为两步。

（1）先从数据库中删除指定的操作。

```
Todos.remove({id: todo._id}
```

（2）在从首页列表中删除指定的那一行，并刷新列表。

```
$scope.todos.splice(index, 1);
```

这里调用了 JavaScript 的 splice()方法，通过该方法可以删除一个数组中指定的元素。splice()
方法的语法如下：

```
arrayObject.splice(index,howmany);
```

参数说明如下。

● index：数组的下标，用来指定要删除的元素的位置。

● howmany：要删除的元素的数量，如果只删除一条，则设为 1。

返回值：返回一个删除元素后的数组。

同理，在控制器（TodoDetailCtrl）中，添加一个 remove()方法，代码如下。

```
$scope.remove = function()
{
    Todos.remove({id: $scope.todo._id}, function()
    {
        $location.url('/');
    });
}
```

10.7.11 运行结果

重新启动应用，刷新浏览器，你会看到一个崭新的页面，如图 10-18 所示。

当单击首页的某一项时，会跳转到它的详情页面，如图 10-19 所示。

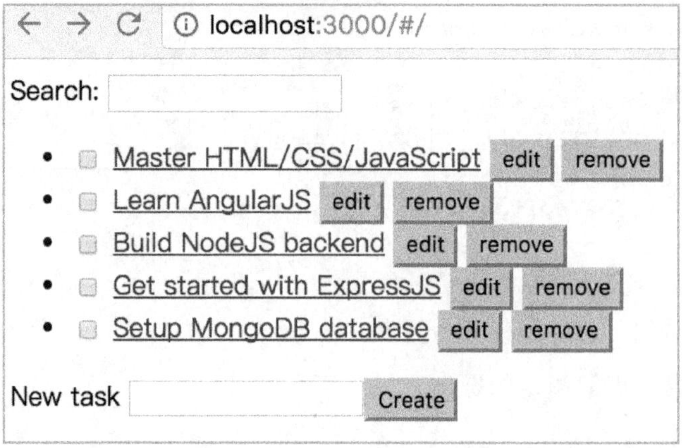

图 10-18　首页列表，可以增删改查

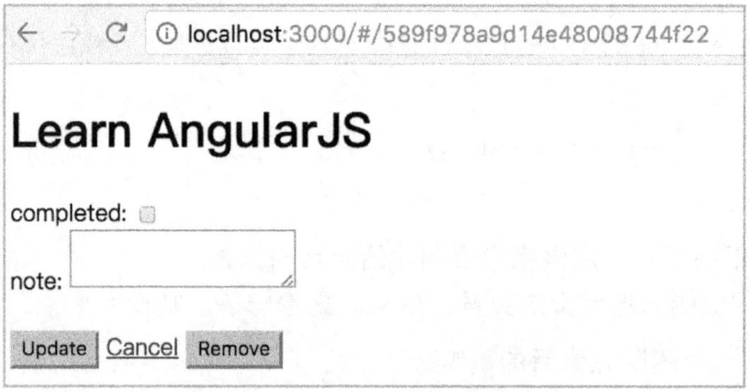

图 10-19　从首页跳转到详情页面

在详情页面，有一个 note 元素，它是<textarea ng-model="todo.note"></textarea>。

可以看出，todo 是一个对象，对象包含了属性和方法，我们可以为 todo 对象添加一个属性，所以在详情页面出现了 todo.note。这个 note 字段只展示在详情页，所以在首页列表中，看不到 note 信息。从产品设计的角度看，这也是合理的，note 相当于一条记录的备注。

10.8　小结

在本章的示例中，我们着重演示如何构建一个单页面应用。如果仅仅从展示的效果来看，这个页面是简陋的，似乎没有什么技术难点可言。事实上，这个示例所涉及的技术点很多。在应用开发中，常规的做法是：先构建静态页面，再与后台数据库对接。在这个示例中，我们也延续了这个思路：先是通过 AngularJS 构建了一个单页面应用；再创建了一个基于 EJS 模板引擎的 Express 工程。Express 是一个后端框架，它给我们带来的最大便利是路由（Route）。有了 Express 工程之后，就可以很方便地把 AngularJS 页面与后台的 MongoDB 数据库打通。

在这个示例中，我们一再强调 RESTful API。在刚开始，我们构建的 RESTful API 看似没有什么作用，等到用了 $resource 服务之后才明白，用 RESTful API 构建的单页面应用是多么地简单、高效！

如果真正领悟了 RESTful API，开发一个全栈应用都可以参考这个思路。对于 MongoDB 数据库来说，只要创建了一个 Collection，就会对它进行增删改查操作，RESTful API 是不可或缺的一部分。

在后续的示例讲解中，我们还会讲到更多关于 RESTful API 的应用。

第 11 章

应用实例 4——商品管理

11.1 概述

注：该实例源自https://blog.udemy.com/node-js-tutorial/，本章在原有实例的基础上进行了改编和解读。

这是本书的最后一个实例，它实现了一个完整的增删改查的功能。我们经常提到的 RESTful API，在这个实例中展现得淋漓尽致，我们完全可以把这个实例作为一个项目的基础框架。

对于一个电商平台来讲，大多网站或 APP 的首页都是一个列表，单击列表中的某一项进入它的详情页面；如果是后台管理页面，还可以增加、编辑和删除某件商品。首页商品列表展示如图 11-1 所示。

图 11-1　首页商品列表

单击"Add a Video",跳转到添加商品的页面,如图 11-2 所示。

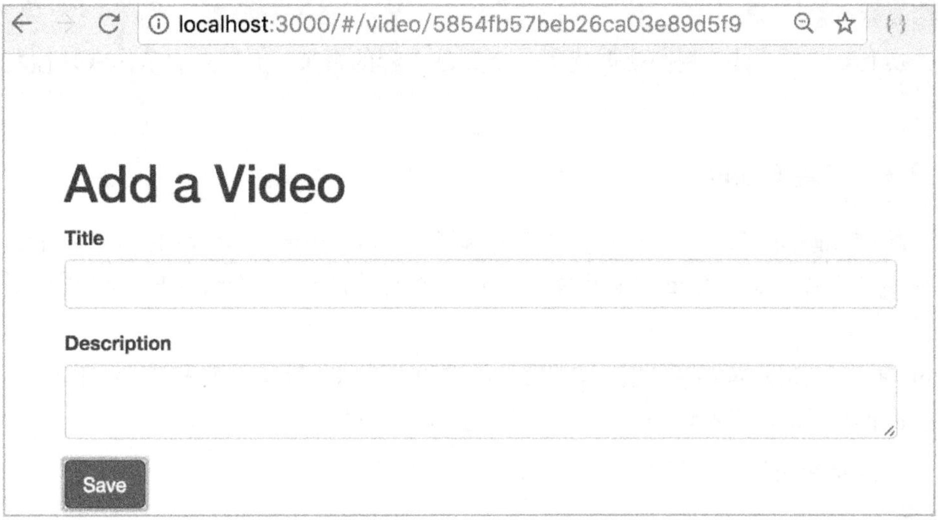

图 11-2　新增一件商品的页面

11.2　实现思路

11.2.1　开发环境的搭建

在开始这个实例之前,请确认下你是否已经安装了以下开发环境。

- Sublime Text(http://sublimetext.com)。
- Node.js(https://nodejs.org)。
- MongoDB(http://mongodb.org)。
- Express(npm install -g express-generator)。

对于以上每一项的安装,请参考前面的相关章节,这里不再赘述。配置好了开发环境后,接下来我们就开始创建工程。

11.2.2　创建 Express 工程

在终端窗口,进入到一个指定的目录,创建一个基于 EJS 的 Express 工程,命令如下。

```
express --view=ejs myvideo
```

安装工程所需的依赖。

```
cd myvideo && npm install
```

启动服务，运行这个应用程序，确保所创建的工程运行是正常的，命令如下。

```
npm start
```

通过以上简单的三步，我们就创建了一个基础工程的框架，接下来的工作就是往里面添加内容了。

11.2.3 安装 Monk

在用到 MongoDB 时，前面的应用实例都是通过 mongoose 来操作 MongoDB 的。当然，mongoose 并不是唯一的 MongoDB 引擎，还有一个类似的操作 MongoDB 的数据库引擎——Monk。

monk 是一个 Node.js 模块，用来操作 MongoDB 中的文档对象。很难说 monk 与 mongoose 有什么本质上的区别，只不过是它们的使用方法有所不同罢了。

通过 npm 指令可以很方便地安装 monk，指令如下。

```
npm install monk --save
```

这里再次出现--save 参数，用了--save 就会把对 monk 的依赖自动添加到 package.json 文件中。这样做的好处是，该工程中的所有依赖（Dependencies）都标记在了 package.json 文件中，其他人拿到这个工程时，只需要简单地执行 npm install，就会自动安装所有的依赖，而不用再单独安装某个模块了。

11.3 数据库管理

尽管我们创建了一个可用的工程，但内容还是一片空白。接下来要做的就是在首页显示数据库中的所有商品。实现的方法有多种：我们可以先从前端着手，从网页到路由，再到后台数据库，这种方法称之为前端驱动。当然，我们还可以先从后台数据库做起。这两种方法没有谁对谁错。在这个实例中，我们先从后台数据库入手。

我们在这里讲述的不仅仅是一个示例，更多地是在阐述完成一个项目的思路。很多时候，我们对每一个知识点都很清楚，但就是不知道如何下手来完成一个项目，如同写一篇文章需要关键线索一样，开发一个产品同样需要一条清晰的主线。

为了显示数据库中的商品，需要实现以下几项功能。

● 创建一个数据库文件，并添加一些模拟数据。
● 通过 Express 创建几个 API，用来获取到数据库中的商品。
● 通过 AngularJS 来展示商品列表。

11.3.1　构建数据库模拟数据

巧妇难为无米之炊！我们要展示数据库中的商品，而当前的数据库还是一片空白。那么该如何创建一个数据库，并填充一些模拟数据呢？这就要用到 MongoDB 可视化操作工具——Robomongo。关于 Robomongo 的使用，请参考前面的数据库章节。

接下来，我们快速构建一个数据库。

● 创建数据库文件（vidzy）。

● 创建一个 Collection（videos）。

● 插入几个 Document。

Document 的 JSON 对象格式如下。

```
{
    "title" : "Apollo 13",
    "genre" : "Drama",
    "description" : "this is a detailed
}
```

类似的 Document，要插入多个，以丰富模拟数据的内容。

11.3.2　通过 Express 创建访问数据库的 API

这里要用到 Node.js 的 Module（模块）、Express 的 Route（路由）、访问数据库的 monk。

在 Sublime Text 编辑器中，打开工程中的 app.js 文件，app.js 文件由几部分组成，而且每部分的功能及其结构都是统一的。app.js 文件的主要功能包括：数据库的连接、所有路由的入口。当新增一个路由时，需要在这里编写代码。app.js 结构清晰，在需要修改时，我们完全可以依葫芦画瓢，这就是框架的优势所在。

（1）引入 Module（模块）。通过 require 方法来加载，代码如下。

```
var
express = require('express');
var path = require('path');
var favicon = require('serve-favicon');
var logger = require('morgan');
var cookieParser = require('cookie-parser');
var bodyParser = require('body-parser');
```

（2）引入 Route Module（路由模块）。这个工程是通过 Express Generator 创建的，默认有两个路由模块：index 和 users。我们可以修改这些路由模块，也可以重新创建一个新的路由模块。

```
var index = require('./routes/index');
var users = require('./routes/users');
```

"./routes/index" 表示在 routes 路径下有一个 index.js 文件。这是一个映射的关系，正是为了方便起见，才把所有的路由入口放在了 app.js 文件中。

  打开 routes 下的 index.js 文件，代码如下。

```
var express = require('express');
var router = express.Router();

/* GET home page. */
router.get('/', function(req, res, next) {
  res.render('index', { title: 'Express' });
});

module.exports = router;
```

  我们来解读下这几行代码：通过 require 方法引入了 Express Module。Require 的返回结果可以是一个方法，也可以是一个对象，这取决于被引用的 Module 是怎么实现的。

```
var express = require('express');
```

  这行代码所返回的是一个 express 对象，这个 express 对象有一个可被调用的方法 Router()，所以才有了下面这行代码。

```
var router = express.Router();
```

  Express 中的路由对象就是这么产生的。

  路由对象是用作网络请求的，最常用的方法有 get 和 post。对于每一个网络请求（Request），都会对应一个路由句柄（Route handler）。

  代码示例如下。

```
router.get('/', function(req, res, next) {
  res.render('index', { title: 'Express' });
});
```

  这是一个 get 方法，第一个参数（/）是根路径，它表示的是当前路由中的根路径；第二个参数是路由句柄，意思是说，当接收到这个网络请求时，要做相应的处理。

  在 Express 中，所有的路由句柄都具有相同的结构，第一个参数（req）表示网络请求（Request）；第二个参数（res）表示服务器给出的响应（Response）；第三个参数是 next。这里的 next 就是 Express 中的中间件机制，如果想把这个网络请求传递给下一个中间件（Middle Ware），可以调用这个 next 参数。只不过，在实际项目中，很少用到 next，因此，即使把 next 这个参数去掉也无关紧要。

  路由句柄本身是一个函数，我们再来看看这个函数体。

```
res.render('index', { title: 'Express' });
```

这里的 res 变量表示服务器返回的对象,这个响应对象有多种表现形式,常见的有

- res.render:用来渲染(render)一个视图(网页),这个视图本身就是一个文件,在该工程中是一个.ejs 文件。
- res.send:后台返回的是纯文本内容,直接显示在客户端(或浏览器中),前面示例中的"Welcome to Express"就是通过 res.send 返回的。
- res.json:后台服务器给前端发送一个 JSON 对象,这种返回方式常用在 APP 与后台的交互上,后台传给 APP 的数据都是 JSON 数据格式。
- res.redirect:经后台业务逻辑处理后,让前端跳转到一个指定的地址。例如,如有用户登录成功,就可以进入购物车;当需要验证用户的身份时,指向一个登录页面,让用户输入用户名和密码。

以上就是 Route 的基本结构,接下来我们要创建 RESTful API,供前端网页调用。

描述下应用场景:浏览器输入"http://localhost:3000/api/videos",后台把数据库中所存储的数据以 JSON 数据格式返回给前端。

为实现以上 API,我们先创建一个路由模块(Route Moudle),在 routes 目录下创建一个 videos.js 文件,文件结构参考 index.js,二者的区别是 videos.js 需要访问数据库。

在 videos.js 文件中,添加以下代码。

```
var express = require('express');
var router = express.Router();

var monk = require('monk');
var db = monk('localhost:27017/vidzy');

router.get('/', function(req, res)
{
    var collection = db.get('videos');
    collection.find({}, function(err, videos)
    {
        if (err) throw err;
        res.json(videos);
    });
});

module.exports = router;
```

开始的两行代码与其他路由模块是一样的,无非是创建了一个路由对象而已。这里要强调的一点是 monk 的应用,monk 是基于 MongoDB 之上的一个持久模块(Persistence Module)。在前面的示例中,我们用的是另一个比较流行的数据库访问模块——mongoose,在这个示例

中，我们要尝试着换一个，所以用到了 monk。二者没有本质上的区别，如果非要说一点不同的话，monk 先于 mongoose 问世。

monk 是一个模块，可以通过 require 引入到工程中。

```
var monk = require('monk');
```

require 的返回结果可以是一个对象，也可以是一个方法。这里，monk 返回的是一个方法，可用来调用数据库的文件，最终返回的 db 是一个指向特定数据库文件的对象。

```
var db = monk('localhost:27017/vidzy');
```

有了这个 db，就可以操作数据库中的 Collection，从而进一步操作 Collection 中的 Document。

接下来看看路由句柄的实现，代码如下。

```
function(req, res)
{
    var collection = db.get('videos');
    collection.find({}, function(err, videos)
    {
        if (err) throw err;
        res.json(videos);
    });
}
```

从中可以看出，路由句柄本身就是一个函数，在这个函数中，我们先通过 db 对象获取到了 Collection 对象，Collection 对象提供了一系列的操作 Documenet 的方法，常用的方法有以下几种。

- insert；
- find；
- findOne；
- update；
- remove。

```
collection.find({}, function(err, videos)
{
    if (err) throw err;
    res.json(videos);
});
```

我们希望服务器返回 Collection 中的所有 Document，因此用到了 find 方法。find 方法的第一个参数是过滤规则的设置，既然想返回所有的 Document，只需要传一个空对象即可，所以用了一个空的花括号{ }。在这种情况下，即便把第一个参数去掉，也不会影响返回的结果。不写限制条件，意味着无条件搜索。

第二个参数是一个回调（Call Back）方法。

```
function(err, videos)
{
    …
}
```

所谓回调方法，是指这个方法是异步调用的。具体来说，只有后台返回数据库的查询结果之后，才调用该方法。第二个参数的调用遵循 error-first（错误优先）的模式。在 Node.js 中用到回调方法的地方，都会遵循这个标准的模式。这种模式要求回调方法中的第一个参数应该是 err 对象，第二个参数是服务器返回的对象。对于有着丰富的 Node.js 开发经验的人来说，只要用到回调函数的地方，就会潜意识地遵循这种模式。

在这个回调方法中，首先检查这个 err 对象是否存在，err 是后台服务器在响应数据时设置的。如果后台返回数据正常，这个 err 自然为空（null）；否则，将设置 err 的类型。在回调处理中，先是检查 err，如果为空，表示正常；如果不为空，表示出现了异常，一旦检测到 err 存在，就要抛出异常，并停止程序的运行，给出报错的信息，提示给用户。如果一切正常，通过 res.json 方法，直接向前端返回 JSON 数据。

通常，一个复杂的 Node.js 应用是由多个模块组成的，模块之间存在着调用的关系。所谓模块的调用，无非是调用某个模块中的对象、对象的属性、对象的方法。

在 videos.js 中，最为重要的对象是 router，通过 router 可以访问数据库并获取到我们想要的数据。那么，如何让其他模块调用这个 router 呢？

具体看下 videos.js 中的最后一行代码。

```
module.exports = router;
```

通过 module.exports，把 router 对象输出给其他模块。这个过程好比 C 语言中.h 与.c 文件，凡是在.h 文件中声明的函数都可以被其他文件调用；而单纯在.c 文件中声明的函数，对其他文件来说是不可见的。

```
module.exports = router;
```

上面的语句声明了一个可供其他模块调用的对象，这个对象就是 router。读到这里，或许会出现一个疑问：只看到了 Router 的声明，怎么没看到在哪个 Module 中调用它呢？

再打开 app.js 文件，为了实现一个新的路由，我们添加了这样一行代码。

```
var videos = require('./routes/videos');
```

我们先是在 app.js 中引用了这个 videos.js 模块，接下来调用这个对象。

```
app.use('/api/videos', videos);
```

这行代码用来告诉 Express，只要是 "/api/videos" 的路由，就要调用 videos.js 这个模块。

更为具体点说，应用程序启动后，只要在浏览器的地址栏中输入 "http://localhost:3000/api/videos"，就要调用 videos.js 中 router 对象。

讲了这么多，还是运行下看看真实的效果吧，运行方法如下。

● 在一个终端窗口以管理员身份启动 "mongod"。

● 在另一个终端窗口，启动应用程序 "npm start"。

在浏览器中输入 "http://localhost:3000/api/videos"，后台返回的 JSON 数据，如图 11-3 所示。

```
[
  - {                                                                Format online
      _id: "5854fb0ebeb26ca03e89d5f4",
      title: "The Lord of the Rings",
      genre: "Fantasy",
      description: "A meek hobbit of the Shire and eight companions set out on a
      journey to Mount Doom to destroy the One Ring and the dark lord Sauron."
    },
  - {
      _id: "5854fb57beb26ca03e89d5f9",
      title: "The Lord of the Rings",
      genre: "Fantasy",
      description: "A meek hobbit of the Shire and eight companions set out on a
      journey to Mount Doom to destroy the One Ring and the dark lord Sauron."
    },
  - {
      _id: "5854fb63beb26ca03e89d5fd",
      title: "Apollo 13",
      genre: "Drama",
      description: "NASA must devise a strategy to return Apollo 13 to Earth safely
      after the spacecraft undergoes massive internal damage putting the lives of the
      three astronauts on board in jeopardy."
    }
]
```

图 11-3　后台返回的列表是一个 JSON 格式的数组

如你所见，这中 JSON 数据的展示风格可谓优雅至极！这是因为我们在 Google Chrome 浏览器中安装了一个 JSONView 插件。关于 JSONView 插件的安装，如果感兴趣，可以自行完成，这里不再赘述。

当然，也不是非得安装 JSONView 插件不可，网上有很多在线的 JSON 转换工具，可以把 JSON 字符串转换为清晰的 JSON 标准的数据格式。

至此，通过 RESTful API 可以获取到数据库中的数据了，对于开发者来说，有了这些接口，可以验证后台的数据；但对于用户来说，这样的数据展示无疑过于抽象。在移动互联网时代，呈现给用户的载体有两种：手机端的 APP 和网页（PC 版或手机版）。如果通过 APP 来呈现，有这些 RESTful API 足矣；如果要展示在网页上，那就得进行前端网页的开发了。接下来，我们将开始 AngularJS 上的开发，以实现网页的展示效果。

11.4　重构页面

11.4.1　引入 AngularJS

先快速回顾下 AngularJS，它是一个表现极为抢眼的前端框架，开创了单页面应用的先河。单页面（Single Page Application）的概念说起来容易，要想全面理解它，需要在项目实战中揣摩。从设计模式看，AngularJS 是一个典型的 MVC 架构，它提供了路由（Routing）、依赖注入（Dependency Injection）、数据双向绑定等核心功能，这正是 AngularJS 的强劲表现所在。

构建一个 AngularJS 动态页面由两部分组成：视图和控制器。具体来说，视图就是 HTML 页面，而控制器就是一个 Module（js 文件）。视图与控制器是成对出现的。

视图的创建：为了构建一个单页面应用，我们得改写原有的 index.ejs 文件，添加 ng-view 指令。

```
<div ng-view> </div>
```

在启动视图的同时，要加载对应的 ng-app 指令。

```
<html ng-app='Vidzy'>
```

因为在 Module 中，需要调用 AngularJS 相关的静态库，例如 angular、angular-route、angular-resource，这些静态库也要加载进来。

修改后 index.ejs 文件的完整代码如下。

```
<!DOCTYPE html>
<html ng-app='Vidzy'>
    <head >
    <link rel='stylesheet' href='/stylesheets/style.css' />
    <script src="https://ajax.googleapis.com/ajax/libs/angularjs/1.4.6/
                                             angular.min.js">
    </script>
    <script src="https://ajax.googleapis.com/ajax/libs/angularjs/1.4.6/
                                             angular-route.min.js">
    </script>
    <script src="https://ajax.googleapis.com/ajax/libs/angularjs/1.4.6/
                                             angular-resource.js">
    </script>
     <script src="/javascripts/vidzy.js"></script>
    </head>
```

```
    <body >
    <div ng-view> </div>
    </body>
</html>
```

代码解读

关键代码有三行：

<html ng-app='Vidzy'>中的 Vidzy 是一个模块名字，这个模块还没创建呢。既然模块是一个 JS 文件，那么，我们就来创建这个文件，这时需要注意新创建的文件的路径。在 "public/javascripts" 目录下，创建一个名为 Vidzy.js 的文件。

```
var app = angular.module('Vidzy', []);
```

这里直接调用了 angular 对象，它是从哪里来的呢？这个 angular 对象是一个全局变量，可以在任何地方调用。通过调用 angular 的 module 方法，可以创建一个模块，也可以调用一个模块。第一个参数名字是模块的名称，这里是 Vidzy，在 HTML 文件中的 ng-app='Vidzy' 指的就是这个模块名称；第二个参数是一个依赖（Dependency）数组，尽管这里为空[]，但还是需要加上的。有没有第二个参数的存在，其结果是不一样的。当有第二个依赖参数时，它返回的结果是创建了一个新的模块；如果没有第二个参数，它返回的结果是指向一个已经存在的模块，而不是创建一个新模块。更何况，通常情况下，第二个参数的依赖数组是有依赖模块的，最常见的就是 "['ngRoute']"，对路由模块的依赖。

HTML 通过加载 ng-app 指令，AngularJS 就开始大显身手了。接下来我们要重新构建首页，把数据库中的 Videos 在页面上展示出来。

11.4.2 通过 AngularJS 重构首页

要想在客户端显示一个 HTML 页面，常见的做法是：后台把渲染好的 HTML 文件返给客户端，大多 Web 框架都是这么做的；在这个应用实例中，后台不再返回 HTML，而是直接返回 JSON 文本给客户端，让客户端（AngularJS）来渲染成一个网页。

一般说来，后台可以返回 HTML 文件给前端；也可以返回 JSON 数据给前端，再由前端来渲染成 HTML 页面。对于 MEAN 全栈框架来说，后台返回 JSON 数据有着明显的优势：一方面，MongoDB 存储的是文档对象，而文档对象本身也是 JSON 对象；另一方面，后台返回给前端的数据也是 JSON 格式，这样就省去了数据格式的转换；还有，前面已经实现了 RESTful API，Web 前端可以通过 API 获取到数据，APP 也可以重用这些 API。

接下来我们来重构首页，在 "public/partials" 下创建 home.html 文件，代码如下。

```
<h1>Home Page</h1>
```

有了 home.html 文件，那么什么时候显示这个页面呢？这就需要为 home.html 添加一个路由。在 vidzy.js 文件中，添加对路由模块的依赖。

```
var app = angular.module('Vidzy', ['ngRoute']);
```

ngRoute 是 AngularJS 的内置模块，用来配置路由，具体的路由配置方法如下。

```
app.config(['$routeProvider', function($routeProvider)
{
    $routeProvider
    .when('/',
    {
        templateUrl: 'partials/home.html'
    })
    .otherwise({
        redirectTo: '/'
    });
}]);
```

当添加了 ngRoute 依赖模块后，就可以调用 module 的 config 方法了。要注意下 config 方法的调用时机，当 AngularJS 检测到 ng-app 指令时，会立即执行这个 config 方法，代码如下。

```
app.config([]);
```

注意 config 方法的参数是一个[ ]，意味着这个参数是一个数组依赖，依赖可以为空，也可以为多个依赖。

这里先用到了一个依赖：$routeProvider。$routeProvider 是定义在 ngRoute 模块的一个服务，这也是为什么在创建的 module 中添加对 ngRoute 模块依赖的原因。

在 config 方法中，我们调用了$routeProvider 的 when 方法。

```
$routeProvider
.when('/', {
    templateUrl: 'partials/home.html'
})
```

when 方法的一个参数是 "/"，看似绝对路径，其实是相对路径。事实上，绝对路径是在 app.js 中配置的。例如：

```
app.use('/', index);
```

在 when 方法中，请求路径与对应的视图是成对出现的，可以配置多个不同的路由，路径与 URL 文件相匹配。通过路由的方式来匹配，如果都匹配不上，最后执行 otherwise，重定向到 "/"。这种思路与其他编程语言极为类似，如 switch⋯case 语句，最后有一个 default。

前面在 index.ejs 中，添加了 ng-view 指令。在单页面应用中，ng-view 指令是必不可少的。

关于 ng-view 的应用，之前的实例已经有过详细的介绍。经过以上代码改动后，我们来看下发生了哪些变化。在浏览器地址栏输入"http://localhost:3000"，看到的结果如图 11-4 所示。

图 11-4　首页访问的页面，已跳转到了 home.html 文件

11.4.3　控制器的实现

首页已经显示出来了，而且是通过单页面的机制显示出来的。接下来让首页显示更多的内容，我们需要把数据库中 videos 显示在首页上。为此，要解决下面两个问题。

（1）数据从哪里来？

（2）数据如何显示在首页上？

我们知道，在所有的 MVC 框架中，Controller（控制器）负责处理数据，而 View（视图）是一个单纯的展示页面。控制器一方面给视图提供数据，另一方面处理来自视图的单击事件，如按钮的触发、编辑的输入等。

接下来为 home.html 创建 Controller。再次打开 Vidzy.js 文件，修改模块的依赖，如下所示。

```
var app = angular.module('Vidzy', ['ngResource', 'ngRoute']);
```

之前只有一个 ngRoute 依赖，我们再添加一个对 ngResource 模块依赖。添加 ngResource 的目的是为了调用 RESTful API，而 ngRoute 是为了路由的调用。

接下来在 vidzy.js 文件中创建一个控制器，代码如下。

```
app.controller('HomeCtrl', ['$scope', '$resource',
    function($scope, $resource){
}]);
```

我们先来解读一下控制器的创建方法。angular.module 返回的对象（这里是 app）可以创建一个 controller 方法。

第一个参数通过字符串给控制器命名，控制器的命名通常是 xxxCtrl 格式，这样看上去一目了然。

第二个参数是一个数组，数组的内容可以为空，也可以有多个字符串变量，每一个字符串代表一个依赖（Dependency）。

　　$scope 和$resource 这两个依赖是 AngularJS 的内置服务，也可以说是 AngularJS 自带的服务，直接拿来就能用。AngularJS 自带的服务都有一个前缀符号"$"，在引用时，这个"$"是必需的，我们通过$scope 把数据从控制器传到视图，通过$resource 来获取 RESTful API。

　　依赖数组中的最后一个参数是函数对象，这个函数才是我们所创建的 controller 方法。既然是函数，就得有函数名和函数体。HomeCtrl 是函数名，而 function()就是函数体。

　　这里要注意依赖注入（Dependency Injection）的顺序，依赖模块名字与 function 中的参数的顺序是一致的。例如：

```
['$scope', '$resource',
    function($scope, $resource){
}]
```

不能写成：

```
['$scope', '$resource',
    function($resource,$scope){
}]
```

　　另外，声明了两个依赖：$scope 和$resource，函数 function 中按照顺序调用这两个依赖。

☆ 小贴士：

　　Sublime Text 是一个文本编辑器，本身不带编译功能，即使写错了依赖关系，Sublime Text 也不会报错，但在程序运行时，必然会报错，而且报的错误看上去很诡异。

　　接下来，就是 controller 方法的实现了。在 controller 函数中，添加以下代码。

```
app.controller('HomeCtrl', ['$scope', '$resource', function($scope, $resource)
{
    var Videos = $resource('/api/videos');
    Videos.query(function(videos)
    {
        $scope.videos = videos;
    });
}]);
```

　　这里用到了$resource 方法，$resource 是 AngularJS 的一个内置服务，通过 "/api/videos" 这个 URL 获取后台返回的对象，再通过 query 方法获取到所有的 videos。query 方法的参数是回调函数。但 query 准好后，再通过回调方法获取到 videos，最终赋值给$scope。home.html 文件可以直接获取$scope.videos 对象。

　　这再次表明，$scope 是视图和控制器数据交互的通道。数据有了，如何在网页上展示呢？

接下来，打开"partials/home.html"文件，填写以下代码。

```
<ul>
    <li ng-repeat='video in videos'>{{video.title}}</li>
</ul>
```

我们通过<ul>和<li>这两个 HTML 标签来展示 videos 列表。在<li>标签上，添加了一个
AngularJS 所特有的属性：ng-repeat。AngularJS 通过在 HTML 页面上添加 ng-repeat 指令，进
一步丰富了 HTML 的行为。从语法上看，ng-repeat 类似 JavaScript 中的 for-each 表达式。注意
区分这里的 video 和 videos，videos 所指的是控制器中的$scope.videos，videos 是一个数组，而
video in videos 中的 video 是指数组中的一个对象。事实上，这就是一个遍历的过程，把 videos
数组中的所有对象通过列表形式呈现在网页上。

{{ }}是一个表达式，这里仅仅显示了每个 video 的 title 属性。

最后，需要把路由、视图、控制器三者关联起来。再次打开 vidzy.js 文件，添加控制器的
关联，代码如下。

```
.when('/', {
    templateUrl: 'partials/home.html',
    controller: 'HomeCtrl'
})
```

就这样，当用户在浏览器上输入根路径时，如"http://localhost:3000"，应该自动显示网站
的首页，即"partials/home.html"，这里的 home.html 对应的控制器是 HomeCtrl。

所有的这些都准备好了，再来运行一下，浏览器窗口如图 11-5 所示。

图 11-5　首页变成了一个动态的列表，数据来自后台数据库

简单总结一下这一节，我们先是创建了一个数据库，通过 Robomongo 可视化工具为数据

库添加了一些模拟数据；接着基于 Express 创建了一套 RESTful API，通过这个 API，前端可以获取到后台的 JSON 数据；最后通过 AngularJS 以列表方式展示在网页上。

至此，我们通过 AngularJS 的控制器、视图、路由实现了一个从前端都后台的展示页面。尽管看上去还不够强大，但它所覆盖的知识点已经很全面了。

在这个示例中，用到了两个概念：一个是 when 方法，另一个是 $resource 服务。对此，我们有必要先做个了解。

11.4.4　when 方法

首先明白一个概念，when 方法是干什么的？通过它，可以设置路由。在这个示例中，我们先是设置了两个路由：一个首页路由和一个添加 video 的路由。

```
app.config(['$routeProvider', function($routeProvider)
{
    $routeProvider
    .when('/', {
        templateUrl: 'partials/home.html',controller: 'HomeCtrl'
    })
    .when('/add-video', {
        templateUrl: 'partials/video-form.html',controller: 'AddVideoCtrl'
    })
    .otherwise({
        redirectTo: '/'
    });
}]);
```

这里特别注意的是 otherwise 方法，在以上没有任何路由匹配时，会调用 otherwise 方法。我们用它设置了一个默认跳转到 "/" 路径的路由。

当浏览器加载 AngularJS 应用时，会将 URL 设置成默认路由所指向的路径。除非我们在浏览器中加载不同的 URL，否则，默认会使用 "/" 路由。

11.4.5　$resource 的调用

网页上的数据终归来源于服务器，这就要求 AngularJS 支持与服务器交互的功能。AngularJS 可以通过$http 与服务器通信，但这种方式比较简单；AngularJS 还提供了另外一个可选的服务$resource，使用$resource 可以非常方便地与支持 RESTful API 的后台进行数据交互。本示例已经做好了 RESTful API，因此调用 AngularJS 的$resource 服务非常方便。

$resource 是 ngResource 内置的一个服务。为了使用$resource，需要引入 ngResource 模块，引入的方法是在 HTML 文件中，加入它的静态资源文件。

```
<script src="https://ajax.googleapis.com/ajax/libs/angularjs/1.4.6/
                                          angular-resource.js">
</script>
```

引入了 angular-resource 之后，怎么调用$resource 呢？

我们并不是直接通过$resource 服务本身与服务器通信，$resource 是一个创建资源对象的工厂，用来创建与服务端交互的对象。具体来说，再来看看刚才的代码。

```
var Videos = $resource('/api/videos');
```

返回的 Videos 对象包含了与后端服务器进行交互的方法，我们可以把 Videos 对象理解为一个接口，通过这个接口与具有 RESTful API 的后台进行交互，所以才有了下面这行的调用。

```
Videos.query(function(videos)
{
    $scope.videos = videos;
});
```

在熟悉了$resouce 的应用之后，我们继续完善这个示例。按照增删改查的逻辑，接下来看看如何新增一个 video。

11.4.6 文档对象的创建

实现新增一件商品的思路是：先通过 Express 创建一个 RESTful API，再通过 AngularJS 创建一个表单，最后将上传的文档存储到后台的 MongoDB 中。可以说，这是一个常用的"套路"，我们称之为框架。有了它，新增一项功能，so easy！

新增一项功能，分为三步：构建 HTML 页面、配置路由、实现 RESTful API。我们可以沿用从前端（front-end）往后端（back-end）的顺序，也可以从后端到前端。这次，我们还是从后端做起。

先创建一个 RESTful API，其作用是把新创建的 Document 写入 MongoDB 中；接下来在模块中配置一个路由和控制器；最后构建一个表单（Form），通过表单把用户输入的数据存储到后台数据库中。

第一步：创建 RESTful API。打开"routes/videos.js"文件，这里已经有了一个 get 方法，按照类似的做法，添加一个 post 方法，代码如下。

```
router.post('/', function(req, res)
{
    var collection = db.get('videos');
    collection.insert(
    {
        title: req.body.title,
        description: req.body.description
```

```
    }, function(err, video)
    {
        if (err) throw err;
        res.json(video);
    });
});
```

注意："module.exports = router;"这行代码永远处于模块的最后一行，所以，新增的代码一定要添加在它的前面。

为获取 videos 列表，我们通过 router.get 方法处理 HTTP GET 请求；这次要提交一个表单，用到 HTTP POST 方法。这就是 RESTful API 约定的规则。

在路由回调方法（Route Handler）中，返回了 videos collection 对象，通过调用对象的 insert 方法，将新创建的文档写入到 MongoDB 中。insert 方法有两个参数，第一个参数是要插入的 JSON 对象，第二个参数是插入文档后的对象方法。

先来看第一个参数：

```
{
    title: req.body.title,
    description: req.body.description
}
```

这是一个 JavaScript 对象，是一种 Key-Value 结构，它包含两个属性（键）：title 和 description，它们对应的值来自 req.body。注意这个联动关系，在对应的表单中，应该有对应的 title 和 description 元素。事实上，表单所提交的对象正是 route.post 的第一个参数对象。

再来看第二个参数：

```
function(err, video)
{
    if (err) throw err;
    res.json(video);
}
```

当文档写入数据库后，调用这个回调函数。本着"错误优先"的原则，如果文档写入失败，则抛出异常；如果没有错误，则调用 res.json 方法，把新插入的文档以 JSON 格式返回给前端。

通过以上方法，我们已经创建好了一个 RESTful API，接下来，开始第二步：创建表单（Form）。

第二步：创建一个表单。在"public/partials"下创建一个新的 HTML 文件 video-form.html，先添加几行简单的代码，打通业务逻辑后，回头再美化页面。

```
<h1>Add a Video</h1>
<form>
    <div>
```

```
        <label>Title</label>
        <input></input>
    </div>
    <div>
        <label>Description</label>
        <textarea></textarea>
    </div>
    <input type="button" value="Save"></input>
</form>
```

页面有了，怎么来调用这个 HTML 文件呢？我们先来确定了一个 URL，当用户请求"/add-video"时，显示 video-form.html 页面。思路清楚了，通过 AngularJS 的模块来配置这个路由。

在"public/javascripts"下的 vidzy.js 文件中，更新路由配置，代码如下。

```
app.config(['$routeProvider', function($routeProvider)
{
    $routeProvider
    .when('/', {
        templateUrl: 'partials/home.html',controller: 'HomeCtrl'
    })
    .when('/add-video', {
        templateUrl: 'partials/video-form.html'
    })
    .otherwise({
        redirectTo: '/'
    });
}]);
```

在".when('/add-video',{ })"方法中，我们还没有添加控制器，这是下一步要做的。

视图和路由都准备好了，如何从首页跳转到 video-form.html 页面呢？我们在首页添加一个链接，用来指向"/add-video"路由。在"partials/home.html"文件中，在最上端添加一行代码。

```
<p>
    <a href="/#/add-video">Add a Video</a>
</p>
```

在链接前面加了一个前缀"/#"，这是考虑到了浏览器的兼容性问题，有些早前版本的浏览器并不支持单页面应用。

代码写了这么多，我们先来看一下运行结果，首页变成了，如图 11-6 所示的样子。

这时候，单击"Add a Video"链接，出现一个极为简单的页面，如图 11-7 所示。

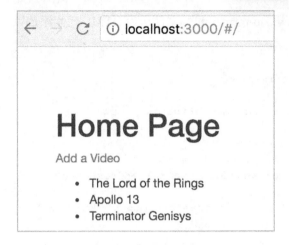

图 11-6　添加一个链接，可以新增一件商品

图 11-7　新增商品的页面

　　页面之所以如此简单，是因为我们还没有添加任何样式。碰到这种情况，你也许会说，这应该是 UI 设计师（美工）做的事的吧。诚然，经过美工设计后，页面会美化起来，但对于像表单这类页面，完全可以引入第三方样式库达到美化的目的。这就是 Bootstrap 给我们带来的便利。

　　第三步：美化页面，添加 Bootstrap。我们要用 Bootstrap 为表单添加一些样式，Bootstrap 是一个前端 CSS 样式库。Bootsrap 的最大优势是，可以很方便地创建一个响应式 Web 应用。接下来，我们引入 Bootstrap CSS 样式库，通过 Bootstrap 的 class 进一步美化 video-form 页面。

　　在 "views/index.ejs" 文件中，引入 Bootstrap 静态库，在<head>标签内添加以下链接。

```
<link rel='stylesheet' href='https://maxcdn.bootstrapcdn.com/bootstrap/3.3.5/
                                            css/bootstrap.min.css' />
```

再次打开"partials/video-form.html"文件，为 HTML 元素添加以下样式。

```html
<h1>Add a Video</h1>
<form>
    <div class="form-group">
        <label>Title</label>
        <input class="form-control"></input>
    </div>
    <div class="form-group">
        <label>Description</label>
        <textarea class="form-control"></textarea>
    </div>
    <input type="button" class="btn btn-primary" value="Save"></input>
</form>
```

对于 Bootstrap 来说，美化一个表单只需要添加几个样式，样式的表示方法为"class="""。样式添加后，再回到浏览器地址栏输入"http://localhost:3000/add-video"，效果如图 11-8 所示，整个页面展示效果一下子高大上了很多。

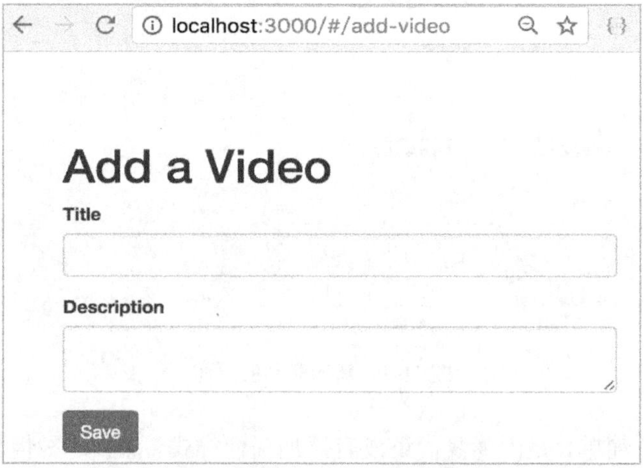

Add a Video

Title

Description

Save

图 11-8　通过 Bootstrap 美化后的页面

这么一改，页面确实美化多了，但功能上没什么变化。不管输入什么，单击"Save"按钮并没有响应。接下来，我们要添加它的控制器。

第四步：控制器的实现。前面提到过，在 MVC 框架中，控制器负责处理与视图的交互，它一方面给视图提供数据；另一方面接收来自视图触发的事件。单击"Save"按钮触发的事件，应该交由控制器来处理。

打开 vidzy.js 文件，紧接着上面的控制器，再创建一个新的控制器，命名为 AddVideoCtrl，代码如下。

```
app.controller('AddVideoCtrl', ['$scope', '$resource', '$location',
    function($scope, $resource, $location)
{
    $scope.save = function()
    {
        var Videos = $resource('/api/videos');
        Videos.save($scope.video, function()
        {
            $location.path('/');
        });
    };
}]);
```

相比之前的 HomeCtrl，我们要创建的 AddVideoCtrl 有三个依赖参数，分别是$scope、
$resource 和$location，前两个依赖已经熟悉了，第三个依赖$location 是我们首次接触，它的作
用是改变浏览器地址栏中的 URL。

在 AddVideoCtrl 的函数体内，定义了一个$scope.save 方法，当用户单击"Save"按钮时，
会调用这个方法。$resource 通过调用 RESTful API（'/api/videos'）返回一个对象 Videos。前面
的控制器示例中，通过调用 query 方法获取到了所有的 videos，在这个控制器中，我们调用它
的 save 方法，将对象$scope.video 写入 MongoDB 中。接下来再来看看 videos.save 方法。

```
Videos.save($scope.video, function()
{
    $location.path('/');
});
```

它有两个参数：第一个参数是要写入数据库的对象；第二个参数是回调函数，这是一个异
步调用，当写入数据库的操作完毕后，触发回调函数，在回调函数体内，把浏览器的地址指向
一个新的路径（"/"）。按照路由的配置，这里的"/"所绑定的视图就是 home.html，这是由当
初的路由配置决定的。下面是之前的代码。

```
.when('/',
{
    templateUrl: 'partials/home.html',
    controller: 'HomeCtrl'
})
```

接下来，我们要把 video-form.html 与 AddVideoCtrl 中的$scope.save 方法关联起来。再次
打开"partials/video-form.html"文件，修改 input 标签所在的域。

```
<div class="form-group">
    <label>Title</label>
    <input class="form-control" ng-model="video.title"></input>
    </div>
    <div class="form-group">
```

```
    <label>Description</label>
    <textarea class="form-control" ng-model="video.description"></textarea>
</div>
```

为了实现视图与数据的绑定，我们用到了 AngularJS 的一个指令 ng-model。有了 ng-model，一旦输入框的内容发生变化，AngularJS 就会自动更新它所对应的$scope 的属性。

再来为 save()方法的调用添加一行代码。

```
<input type="button" class="btn btn-primary" value="Save" ng-click="save()">
                                                                      </input>
```

这里的 ng-click 是 AngularJS 的另一个指令，通过这个指令，我们告诉 AngularJS，如有用户单击"Save"这个按钮，它将在对应的控制器中找到相应的$scope.save()方法。

把 AddVideoCtrl 与 video-form.html 关联起来，在"public/javascripts"下的 vidzy.js 文件中，修改它的 config 对象的.when 方法。

把代码 controller:'AddVideoCtrl'添加到.when 方法中，代码如下。

```
.when('/add-video', {
        templateUrl: 'partials/video-form.html',
        controller: 'AddVideoCtrl'
    })
```

再来运行一下，在表单中添加一条记录，单击"Save"按钮，如图 11-9 所示。

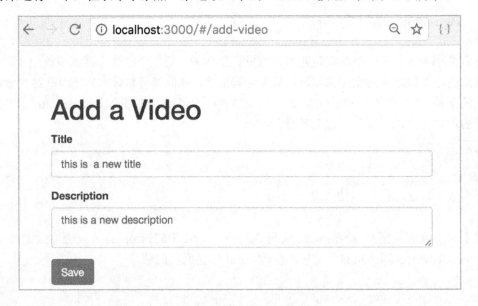

图 11-9　新增一件商品的页面

再返回到首页后，你会发现首页列表中新增了一条记录。

小贴士：

如果你是跟着在一步一步地编写代码，也许你的运行结果并没有达到期望的这样，很有可能出现的现象是：单击"Save"按钮后，并没有返回到首页。造成这种情况的原因可能是"templateUrl:'partials/video-form.html'"这行代码的末尾忘记输入逗号，注意一定是英文的逗号。Sublime Text 是一个编辑器，对语法不做检查。

在 Chrome 浏览器中运行,打开 Chrome 浏览器菜单栏中的"视图→开发者→开发者工具"。当缺少那个逗号时，会出现报错，这是一个语法错误，说明 vidzy.js 文件的第 19 行报错。

▸ ⬚	Elements	**Console**	Sources	Network	Timeline	Profiles	Application	»	⊗ 2	⋮

⊘　▽　top　　　　　　　　　　　▼ ☐ Preserve log

⊗ ▼Uncaught SyntaxError: Unexpected identifier　　　　　　vidzy.js:19

这里用到了 $location，我们先来看下 $location 的应用。

11.4.7　$location 的应用

AngularJS 的一个典型应用场景就是它的单页面应用，那么如何在一个单页面应用中改变URL 呢？这就要用到$location。

AngularJS 使用内置的$location 服务来解析地址栏中的 URL，通过$location 的设置，你可以访问应用当前路径所对应的路由。它同样提供了修改路径和处理各种形式导航的能力。

在 JavaScript 中有一个 window.location 对象，与$location 有相似之处。可以说，AngularJS的$location 服务对 window.location 对象的 API 进行了更为优雅的封装，应用起来更加方便。

当应用需要在内部进行跳转时，是使用$location 服务的最佳场景，例如，当用户登录或注册成功后，应该跳转到其他的页面，这时候就要用到$location 服务。

需要注意的是：$location 无法使整个页面重新加载，它没有刷新整个页面的能力。如果改变 URL 后希望重新加载页面，则需要使用$window.location 对象。换句话说，刷新整个页面，需要调用$window.location。

$location 服务常用的方法有以下几种。

1．path()

path()方法用来获取页面的当前路径，如：

```
$location.path(); //返回当前路径
```

修改当前路径，并跳转到应用中的另一个 URL。

```
$location.path('/');    //把路径修改为'/'路由
```

path()方法可以直接和 HTML5 的历史 API 进行交互，所以用户可以通过单击后退按钮返回上一个页面。

2．replace()

有时候，在页面跳转后并不希望用户单击回退按钮。例如，在用户登录或注册成功之后，跳转到了下一个页面，这个时候，当用户单击回退按钮时，并不希望再返回到上一个登录/注册页面。为解决这个问题，AngularJS 提供了 replace()方法来来实现这个功能。

```
$location.path('/home');
$location.replace();
```

也可以把两行并成一行：

```
$location.path('/home').replace();
```

在单页面应用中，离不开页面的跳转，而$location 是页面跳转的"神器"。在我们的示例中，当用户单击"Save"按钮，向后台提交了一个 video 文档，提交成功之后，就要返回到 home.html 页面了。这个跳转的过程，就是通过"$location.path('/')"来实现的。

快速总结下这一节学到了什么。我们先是创建了一个 RESTful API，通过这个 API，可以将一个文档写入到后台的 MongoDB 中；接着创建了一个 Angular View(Html)文件，在视图上添加了一个表单，用来创建一个 video 对象，为了美化起见，我们引入了 Bootstrap；最后，为这个视图创建一个控制器，用来接收视图上的单击事件，在事件方法的处理中，我们通过调用 $resource 服务将数据对象提交给了后台。

接下来，我们看下如何编辑一个已有的 video。

11.4.8　文档对象的编辑

通过 AngularJS 实现的增、删、改、查，它们的实现的套路大同小异。概括起来，无外乎：创建 RESTful API、构建 Angular 视图、创建控制器、设置路由。

这次，我们要创建两个 RESTful API：一个 API 用来获取 video；另一个 API 用来更新 video。在首页的 video 列表中，为每一个 video 添加一个链接，当用户单击这个链接时，会跳转到该 video 的详情页面；在 video 的详情页面，既可以浏览 video 的详情，又可以修改 video 的属性，再通过单击"Save"按钮提交到后台，这些操作完成后，再返回到首页（home.html）。

第一步：创建 RESTful API

这一步已经很熟悉了，我们先来创建两个路由。

```
GET  /api/videos/{id}                //根据 id 获取指定的 video
PUT  /api/videos/{id}                //根据 id 修改指定的 video
```

打开"routes/videos.js 文件"，添加以下代码。

```
router.get('/:id', function(req, res)
{
    var collection = db.get('videos');
    collection.findOne({ _id: req.params.id }, function(err, video)
    {
        if (err) throw err;
        res.json(video);
    });
});
```

与之前 router.get 方法不同的是：这次 get 方法的第一个参数带有一个 ":id"。前面在讲述 HTTP 请求时介绍过，这个 ":id" 是浏览器地址栏输入的 id，具体来说就是 req.params.id。

```
//返回 videos 的 collection 对象，而 videos 本身就是一个集合的名称
var collection = db.get('videos');

//调用 findOne 方法，findOne 只返回一个文档对象
collection.findOne();

//表示希望查询到的那个文档对象的_id 等于 req.params.id。
{_id: req.params.id}
```

再来创建一个路由，用于"更新"文档对象，代码如下。

```
router.put('/:id', function(req, res)
{
    var collection = db.get('videos');
    collection.update({
        _id: req.params.id
    },
    {
        title: req.body.title,
        description: req.body.description
    }, function(err, video){
        if (err) throw err;
        res.json(video);
    });
});
```

这是一个 update 方法，对应 router.put。它的参数也是 "/:id"。虽然与上一个 router.get 方法的参数相同，但它们的方法名不同，一个是 get 方法，一个是 put 方法。只有当 HTTP 请求是 put 方法时，才调用 router.put()方法。

```
var collection = db.get('videos');  //返回 videos 的 collection 对象
collection.update();  //调用 collection 的 update 方法
{
    _id: req.params.id
```

```
}
{
        title: req.body.title,
        description: req.body.description
}
```

代码解读

collection.update 的第一个参数是约束条件，它表明只有当某一个文档对象的_id 等于所输入的 req.params.id 时，才满足更新的条件。

collection.update 的第二个参数是要更新的文档对象，它是一种 JSON 数据格式，这与 MongoDB 存储的文档对象格式是一脉相承的。

创建了 RESTful API 之后，接下来继续构建视图。

第二步：创建编辑页面

这里，我们对首页进行改造，为每一个 video 添加一个链接。打开 "partials/home.html" 文件，在<li>标签内添加以下代码。

```
<li ng-repeat='video in videos'>
    <a href="/#/video/{{video._id}}">
        {{video.title}}
    </a>
</li>
```

与之前静态的 URL 不同的是，我们通过 AngularJS 的数据绑定表达式，创建了一个动态的 URL，这个 URL 随着_id 的变化而变化。我们又看到了这个怪怪的标识 "/#"，它的存在是为了兼容早期的浏览器版本。

还得有个 video 编辑的页面用来修改 video 的属性。好在我们已经有了这样的编辑页面，可以复用前面的新增的 video 页面。

在 vidzy.js 文件中，再添加一个路由。注意：一定要添加在.otherwise 方法之前，代码如下。

```
.when('/video/:id', {
    templateUrl: 'partials/video-form.html'
})
```

通常来讲，在.when 方法中，templateUrl 与控制器是成对出现的。尽管我们还没有为该视图创建控制器，但这并不影响页面之间的跳转。

再次运行一下，进入到首页并刷新页面，你会发现每个 video 变成了一个超级链接，如图 11-10 所示。

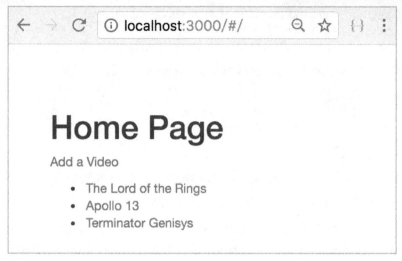

图 11-10　单击首页列表的某一项，可以跳转到详情页面

当单击每个 video 时，会跳转到一个空白的页面，这个页面就是 partials 下的 video-form.html，如图 11-11 所示。

图 11-11　单击首页列表，跳转到了详情页面

目前来看，有两种路由方式可以跳转到这个页面。

（1）当地址栏输入"http://localhost:3000/#/add-video"时，也会出现这个页面。这是怎么回事呢？仔细分析发现，这是由路由配置决定的。在 config 方法中，templateUrl 出现了两次，当路径是"/add-video"时，跳转到 video-form.html 页面，代码如下。

```
.when('/add-video', {
```

```
    templateUrl: 'partials/video-form.html',
    controller: 'AddVideoCtrl'
})
```

（2）当路径是"/video/:id"时，跳转到 video-form.html 页面，代码如下。

```
.when('/video/:id', {
    templateUrl: 'partials/video-form.html'
})
```

这种路由方式是这个样子：

```
http://localhost:3000/#/video/5854fb57beb26ca03e89d5f9
```

它的 id 是一个很长的字符串，当然不是手动输入的。

我们知道，MongoDB 在创建一个文档对象时，会自动生成_id。首先获取到 video 的_id，再把这个_id 赋值给 home.html 文件中的 href，还记得 home.html 文件中的代码片段吧。

```
<ul>
    <li ng-repeat='video in videos'>
        <a href="/#/video/{{video._id}}">
            {{video.title}}
        </a>
    </li>
</ul>
```

代码中出现了{{video._id}}，一看就知道这是一个$scope 数据绑定。$scope 自然出现在对应的控制器中。而这个控制器就是 HomeCtrl。在 HomeCtrl 中并没有显式给出$scope.video._id，这是因为 video 是一个文档对象，而文档对象在创建时已经默认为此创建了一个_id。以上就是通过_id 查询某个文档对象的过程。

可以说，只要弄清楚了 Route、View、Controller 三者之间的关系，再复杂的页面处理也遵循这个套路。再来回顾一下思路。

（1）路由设置。路由有多个层级关系，最外的一层路由由 app.js 文件触发。

```
var index = require('./routes/index'); //引入 index.js module
app.use('/', index);
```

这里的"/"表示地址栏的根路径，当输入"http://localhost:3000"时，会跳转到 routes 下的 index.js。在 index.js 文件中，看到了网络请求的路由。

```
/* GET home page. */
router.get('/', function(req, res, next) {
  res.render('index');    //该 index 指的是 index.ejs （视图）
});
```

（2）视图的构建。经过前面的路由设置，路由指向了 index.ejs，这才找到了单页面应用的入口。ng-view 就出现在 index.ejs 代码中，当出现 ng-view 时，说明它是一个动态的页面，由多个 HTML 文件组成，至于什么时候显示哪个 HTML 文件，由 index.ejs 对应的控制器决定。Index.ejs 对应的控制器就是 vidzy.js。接下来，再看下控制器。

（3）控制器的构建。控制器本身是一个方法，控制器的创建是在一个模块文件中进行的，这里的模块文件就是 vidzy.js。在 vidzy.js 文件中，主要有两个方法：config 和控制器。

config 用来配置 templateUrl 和控制器，它不用再为每个 HTML 文件单独设置 controller。在单页面应用中，只需要一个配置就就可以了。比如：

```
.when('/video/:id', {
    templateUrl: 'partials/video-form.html' ,
    controller: 'EditVideoCtrl'
})
```

为完成一个独立的编辑页面，同样要经历 Route、View、Controller 三个步骤。前两个已经完成了，接下来着手控制器的创建。

第三步：为编辑页面创建控制器

虽然我们是在实现一个独立的编辑模块，但在视图处理上，我们复用了 video-form.html，当然，在编程时尽可能复用是一件好事，但也不尽然，视具体情况而定。

具体到编辑页面的控制器，是复用之前的 AddVideoCtrl，还是从头创建一个 EditVideoCtrl呢？诚然，Add 与 Edit 有很多相似之处，但它们仍然是有差别的。为了区分不同，就得添加判断条件，一旦添加了更多的条件，反倒影响了代码的简洁性。我们本着简单的法则，创建一个全新的用于 Edit 的控制器方法。

在 vidzy.js 文件中，创建一个控制器方法（EditVideoCtrl）的代码如下。

```
app.controller('EditVideoCtrl',['$scope','$resource','$location',
        '$routeParams',function($scope, $resource, $location, $routeParams)
{
    var Videos = $resource('/api/videos/:id', { id: '@_id' },
    {
        update: { method: 'PUT' }
    });
    Videos.get({ id: $routeParams.id }, function(video)
    {
        $scope.video = video;
    });

    $scope.save = function()
    {
```

```
        Videos.update($scope.video, function()
        {
            $location.path('/');
        });
    }
}]);
```

初次看到 EditVideoCtrl，感觉明显复杂了很多。相比前面的 AddVideoCtrl，它的依赖模块增加到了 4 个，即$scope、$resource、$location、$routeParams。新增了一个额外的$routeParams，用来获取 URL 中的参数。在这个示例中，URL 中的参数就是 video 的 id。

在 controller 的方法中，我们还是通过$resource 服务获取 RESTful API 对象的，但与之前的做法不一样。

```
var Videos = $resource('/api/videos/:id', { id: '@_id' },
{
    update: { method: 'PUT' }
});
```

第一个参数是 URL（/api/videos/:id），这个 URL 带有一个参数 id。这是因为，我们要修改的对象是一个指定的文档对象，而不同文档对象的差别体现在它们的_id 上。修改一个对象，需要两步操作：先是获取到该对象，再修改该对象，分别对应以下两种方法。

```
GET /api/videos/:id
PUT /api/videos/:id
```

第二个参数是 "{id:'@_id'}"，其作用是把对象的_id 值赋给 id。我们知道，每个文档对象在创建时，会自动生成一个唯一的_id。通过_id 可以区分不同的文档对象。

单击首页的某个 video 后，会发出一个 "PUT/api/videos/:id" 请求，此时，AngularJS 可以获取到该 video 对象的_id 属性，此时，把 video._id 赋值给 "/api/videos/video._id"，路由的参数随之发生了变化。

$resource 的第三个参数是一个拓展的$resource 方法。

```
{
    update: { method: 'PUT' }
}
```

通过这行代码，update 方法被定义成一个 put 请求。这样做的目的是，$resource 有了一个更加明确的请求，看上去更像 RESTful API 风格。

接着，根据指定的 id，得到相应的 video 对象，代码如下。

```
Videos.get({ id: $routeParams.id }, function(video)
{
```

```
    $scope.video = video;
});
```

编辑页面与新增页面不同。编辑页面要显示原有的对象内容，而新增页面是一个空白的页面。从首页单击某个 video 进入到它的编辑页面时，应该先得到该 video 的 id，再根据_id 获取该对象，最后把该对象的属性显示出来。

通过$routeParams.id，可以获取到浏览器地址栏中的参数。还记得编辑页面的路由吧？

```
.when('/video/:id', {
    templateUrl: 'partials/video-form.html',
})
```

这里，用到了一个路由参数 ":id"，我们可以通过$routeParams 访问这个路由参数。

在 Videos.get 回调方法中，我们从后台数据库获取到了满足指定 id 的 video 对象，并把它存放在$scope 中，代码如下。

```
Videos.get({ id: $routeParams.id }, function(video)
{
    $scope.video = video;
});
```

这样一来，通过双向数据绑定，当检测到$scope.videos 数据变化时，对应的编辑页面会自动刷新，并将$scope.videos 显示在编辑页面上。

还记得 ng-model 吗？网页中的 ng-model 指令与控制器中的$scope 是一一映射、双向绑定的关系。在 video-form.html 文件中，video 对象内嵌在了<input>标签中，如下。

```
<input class="form-control" ng-model="video.title"></input>
<textarea class="form-control" ng-model="video.description"></textarea>
```

video 对象的属性分别对应不同的输入框，在对应的控制器中，可以直接对$scope.video 对象进行操作。当然，默认的还有一个 video._id。

在 EditVideoCtrl 函数体的最后，声明了一个$scope.save 方法。当用户单击编辑页面的 "Save" 按钮时，会调用这个$scope.save 方法，代码如下。

```
$scope.save = function()
{
    Videos.update($scope.video, function()
    {
        $location.path('/');
    });
}
```

需要注意的是，在保存方法中，我们调用了 Videos.update 方法，而不是 Videos.save 方法。

Videos.update 方法是我们事先定义好的，它是通过拓展$resource 服务定义的。通过调用 Videos.update 方法可以触发 HTTP PUT 网络请求。

到这里，一个全新的 EditVideoCtrl 控制器就准备好了。接下来，还需要进行路由配置，把视图与控制器关联起来，代码如下。

```
.when('/video/:id',{
    templateUrl: 'partials/video-form.html',
    controller: 'EditVideoCtrl'
})
```

现在测试下吧。启动应用，刷新首页，选择任意一个 video，进入到编辑页面，单击"Save"按钮，返回到首页，看看 video 的修改是否成功。

这个示例中，用到了一个概念——$routeParams，我们先来介绍一下。

11.4.9 $routeParams 的应用

前面提到，如果我们在路由参数的前面加上冒号"："，AngularJS 就会把它解析出来，并传递给$routeParams。在这个示例中，我们设置了下面这样的路由。

```
.when('/video/:id',{
    templateUrl: 'partials/video-form.html',
    controller: 'EditVideoCtrl'
})
```

AngularJS 会在$routeParams 中添加一个名为 id 的键，它的值会被设置为加载进来的 URL 中的值。如果浏览器加载"/video/5854fb57beb26ca03e89d5f9"这个 URL，那么$routeParams 对象看起来会是下面这样的。

```
{ id: '5854fb57beb26ca03e89d5f9' }
```

需要注意，如果想要在控制器中访问这些变量，需要把$routeParams 注入进控制器。

```
app.controller('EditVideoCtrl', ['$scope', '$resource', '$location',
          '$routeParams',function($scope, $resource, $location, $routeParams)
{
    //在这里访问 $routeParams
    Videos.get({ id: $routeParams.id }, function(video)
    {
        $scope.video = video;
    });
}]);
```

接下来，我们看下如何删除一个 video 对象，对于数据库操作来说，删除是必不可少的一项功能。正所谓增删改查，一个也不能少。

11.4.10　文档对象的删除

先梳理下思路，对于一个全栈技术开发者来说，需要完成从前端到后台的一系列功能。我们一再强调"三步法"：Route→View→Controller。

应用的场景是：

（1）用户可以在首页选中某个要删除的 video，这就要在首页添加一个删除按钮。

（2）用户单击某个要删除的 video 后，进入到该 video 的详情页面。

（3）在详情页面，有一个删除按钮，当用户单击这个删除按钮时，把该对象从数据库中删除。

（4）用户在详情页面单击这个删除按钮后，返回到首页，同时首页列表进行刷新。

按照三步法的步骤，我们一步步来实现。

第一步：创建 RESTful API

在"routes/videos.js"中定义一个路由，代码如下。

```
router.delete('/:id', function(req, res){
   var collection = db.get('videos');
   collection.remove({ _id: req.params.id }, function(err, video){
      if (err) throw err;
      res.json(video);
   });
});
```

经过了前面的热身，这里的代码看起来是那么的熟悉。这次，定义了一个 router.delete 方法，它有两个参数：

第一个参数是路由规则即"/:id"，它表明要删除的 video 对象的 id 必须满足这个路由参数。

第二个参数是回调函数，我们为 HTTP DELETE 请求，注册了一个 Route Handler 处理方法。需要注意的是，我们调用了 video collection 对象的 remove 方法。

第二步：构建路由

打开"partials/home.html"文件，为每一个可删除的 video 对象添加一个删除的链接，单击这个删除按钮时，跳转到删除页面，代码如下。

```
<li ng-repeat='video in videos'>
   <a href="/#/video/{{video._id}}">
      {{video.title}}
   </a>
   <a href="/#/video/delete/{{video._id}}">
      <i class="glyphicon glyphicon-remove"></i>
```

```
        </a>
    </li>
```

为了美观起见，我们添加了一个<i>标签，其中 glyphicon 和 glyphicon-remove 都是来自
Bootsrap 的样式，当单击这个删除图标时，会触发一个新的路由。

```
http://localhost:3000//#/video/delete/{{video._id}}
```

这个路由将引导用户跳转到一个新的页面，接下来我们将构建这个页面。

第三步：构建删除页面

在 partials 目录下，创建一个新的 HTML 文件 video-delete.html，代码如下。

```
<h1>Delete Video</h1>
<p>
    Are you sure you want to delete this video?
</p>
<ul>
    <li>Title: {{video.title}}</li>
    <li>Description: {{video.description}}</li>
</ul>
<input type="button" value="Yes, Delete" class="btn btn-danger"
                                         ng-click="delete()" />
<a class="btn btn-default" href="/#/">No, Go Back</a>
```

这段代码没有什么特别之处，我们只是通过简单的标签<ul>和<li>来呈现 video 的不同属
性，在真实的项目中，这类页面要更为复杂。

我们为删除按钮添加了一个 btn-danger 样式，这是考虑到删除是一个慎重的操作，需要特
别谨慎，所以将删除按钮设为了红色；同时，我们也为返回按钮添加了一个样式 btn-default，
把按钮设为了默认的颜色（白色）。使用 Bootstrap，可以轻松地为按钮设置不同的样式。

前面多次提及，即便是没有创建控制器，也不会影响页面的跳转。不妨运行下，看看效果，
单击首页的某个 video 对应的删除按钮，跳转到删除页面。接下来，为这个删除页面创建对应
的控制器。

第四步：创建控制器

在这个控制器中，我们要调用 RESTful API，获取到要删除的 video 的详情，并呈现在删
除页面中，当用户单击删除按钮时，删除该文档对象，并返回到首页。

在 vidzy.js 文件中创建一个新的控制器，代码如下。

```
app.controller('DeleteVideoCtrl',['$scope','$resource','$location','$routeParams',
    function($scope, $resource, $location, $routeParams){
        var Videos = $resource('/api/videos/:id');
```

```
    Videos.get({ id: $routeParams.id }, function(video){
        $scope.video = video;
    })
    $scope.delete = function(){
        Videos.delete({ id: $routeParams.id }, function(video){
            $location.path('/');
        });
    }
}]);
```

单击网页上的"Delete"按钮，会调用$scope.delete方法，该方法所对应的 Web 页面上的按钮是：

```
<input type="button" value="Yes, Delete" class="btn btn-danger" ng-click=
"delete()" />
```

以上三步都完成了，接下来需要关联视图和控制器，在 vidzy.js 文件的.when()方法中配置，代码如下。

```
.when('/video/delete/:id', {
        templateUrl: 'partials/video-delete.html',
        controller: 'DeleteVideoCtrl'
    })
```

代码写好了，我们来测试下删除功能是否可用。

启动应用，刷新首页，单击"Delete"按钮，进入删除页面，删除一个 video。正常情况下，video 被删除后，会返回到首页。

11.5　小结

如果你是一步步做到现在，相信你在整个过程中会收获满满。这是一个难得的全栈技术实例，它涵盖了 Node、Express、AngularJS、MongoDB 和 EJS 等全栈技术的多个知识点。我们来快速回顾一下。

- 通过 MEAN 框架，实现了一个完整的增删改查。尽管页面看上去还不够强大，但它所需要的功能颇为全面了。我们完全可以很轻松地在页面上多加几个输入框和按钮，那只是代码量的叠加，整个框架足以支撑功能的扩展。
- 通过 Robomongo 填充了数据库的模拟数据，为调试带来了很大的便利。
- 之前用过 mongoose，这个实例采用了另外一种方法——monk。
- 在这个实例中，我们反复强调 RESTful API，相信你对后台与前端（包括 APP）的数据接口交互已经了如指掌。

- 对于学习 AngularJS 来说，只要掌握了它的两大特性——单页面应用和双向数据绑定，再复杂的页面，也能驾轻就熟。
- 我们不仅掌握了 AngularJS 的依赖，还熟悉了它的内置服务，如$scope、$resource、$location 和$routeParams。
- AngularJS 的常用指令有 ng-model、ng-click，有了 AngularJS 指令，可以很轻松地操作 DOM。
- 还有，我们在有意无意之中，使用了强大的 Bootstrap，它是那么地易用，功能又是那么地强大。

参 考 文 献

[1]   www.getbootstrap.com.

[2]   http://www.layoutit.com/.

[3]   http://www.sublimetext.com.

[4]   [美] Azat Mardanov．JavaScript 快速全栈开发．胡波，译．北京：人民邮电出版社，2015．

[5]   http://www.sublimetext.com.

[6]   [美]BYVoid．Node.js 开发指南．北京：人民邮电出版社，2012．

[7]   https://nodejs.org.

[8]   http://www.sublimetext.com.

[9]   [美]David Gourley．HTTP 权威指南．陈涓，赵振平，译．北京：人民邮电出版社，2012．

[10]   http://expressjs.com/.

[11]   https://www.getpostman.com.

[12]   http://handlebarsjs.com/.

[13]   [美]Brad Dayley．Node.js+MongoDB+AngularJS WEB 开发．卢涛，译．北京：电子工业出版社，2015．

[14]   [美]Ari Lerner．AnguarJS 权威教程．赵望野，徐飞，何鹏飞，译．北京：人民邮电出版社，2014．

[15]   http://angularjs.org.

[16]   [美]Kristina Chodorow．MongoDB 权威指南（第 2 版）．邓强，王明辉，译．北京：人民邮电出版社，2014．

[17]   https://www.mongodb.com.

[18]   https://github.com/michaelcheng429/meanstacktutorial.

[19]   http://adrianmejia.com/blog/2014/09/28/angularjs-tutorial-for-beginners-with-nodejs-expressjs-and-mongodb/.

[20]   https://blog.udemy.com/node-js-tutorial/.